Der **Causa-Effekt** beschreibt den Zusammenhang von Symptomen, Krankheiten und den eigentlich wirkenden Ursachen. Es zeigt Beispiele und Wege zur individuell optimalen Behandlung Ihres Pferdes, insbesondere bei chronischen Erkrankungen.

Auf dem Weg dorthin lernen Sie den Unterschied von Krankheitsbildern und der wirkenden Ursache, sowie die wesentlichen Grundprinzipien bei der Behandlung von Pferden kennen.

Sie erfahren etwas über die verschiedenen Pferdetypen nach den Prinzipien der traditionellen, chinesischen Medizin, um die individuelle Persönlichkeit Ihrer Pferde besser zu verstehen.

Sie lernen zahlreiche Details über die optimale Versorgung Ihres Pferdes mit den verschiedenen notwendigen Mikronährstoffen kennen – Mineralien, Vitamine, Spurenelemente, Säure-Basen-Haushalt und probiotische Bakterien.

Und Sie verstehen die Bedeutung des berühmten „Haars in der Suppe": Parasiten, Viren, Bakterien und Pilze, die im Körper Ihrer Pferde nichts zu suchen haben.

Durch die lebendige und praxisnahe Beschreibung häufiger Krankheitsbilder und deren Ursachen, wie auch verschiedene Praxisbeispiele ist Der CAUSA-Effekt der optimale Begleiter für Therapeuten und interessierte Pferdebesitzer, um Ihre Pferde dauerhaft gesund zu halten.

ekvedo - Von gesunden Pferden lernen
Bettina Stadler
Strohhof 7b
83413 Fridolfing

ISBN Buch: 978-3-9820663-0-1

ISBN eBook: 978-3-9820663-1-8

Über die Autorin

Bettina Stadler arbeitet seit mehr als zwei Jahrzehnten als selbständige Pferdethera-
peutin und Pferdetrainerin. Sie hat in dieser Zeit viele Pferde, Ihre Besitzer und deren
individuelle Geschichten kennengelernt, und sie therapeutisch begleitet, behandelt,
trainiert und ausgebildet.

Im Lauf der Jahre hat Sie dadurch ein spezielles Therapiekonzept entwickelt. Dieses
Konzept beginnt mit einer umfangreichen Analyse, diese dient der Ursachenfindung.
Um diese wirkenden Ursachen bei jedem Pferd individuell optimal zu behandeln, hat
sie verschiedenste Therapiemodelle -und methoden studiert und praktisch angewendet. So entstand im Lauf der Jahre ein breites Spektrum an therapeutischen Maßnahmen zur gezielten Ursachenbehandlung.

2009 gründete Sie in Bayern das ekvedo Ausbildungsinstitut mit dem Ziel, anderen
Therapeuten die Prinzipien der ursachenorientierten und in der Folge individuell optimalen Behandlung nahe zu bringen. Sie begleitet bis heute an Ihrem Institut Pferdetherapeuten in die Selbständigkeit.

Um anderen Therapeuten, wie auch Pferdebesitzern die Prinzipien der ursachenorientierten Diagnose und Behandlung näher zu bringen entstand der CAUSA-Effekt – das
Prinzip der ursachenorientierten Behandlung.

INHALTSVERZEICHNIS

INHALTSVERZEICHNIS

VORWORT

Stellen Sie sich vor...

Stellen Sie sich vor, dass Krankheiten anders entstehen als bisher gedacht.

Stellen Sie sich vor, dass dadurch die Heilung von Krankheiten auf anderen Wegen möglich ist.

Und stellen Sie sich vor, dass Sie dieses Wissen nutzen können, um Ihre Pferde dauerhaft gesund zu halten.

Wenn Sie sich diese 3 Dinge vorstellen können, dann und nur dann sollten Sie weiterlesen.

Wir möchten Sie mit auf eine Reise nehmen und Ihnen zeigen, wie zahlreiche Krankheiten wirklich entstehen.

Das Verständnis der wirkenden Ursachen ist entscheidend für eine erfolgreiche Behandlung.

Haben wir die Ursache einer Krankheit verstanden, die fast ausnahmslos mehrere Ebenen aufweist, können wir an diesen Ursachen arbeiten.

Und in der Folge führen unsere Pferde ein besseres Leben.

Wir zeigen Ihnen in diesem Buch mit dem Bild der Lebenssuppe, wie Krankheiten entstehen, wie Sie die wirkenden Ursachen erkennen und Ihre Pferde dauerhaft gesund halten können.

Der **CAUSA-EFFEKT:**
Die wirkende Ursache

Der lateinische Begriff „Causa" bezeichnet die wirkende Ursache. In diesem Buch speziell bei Krankheitssymptomen des Pferdes. Das dahinterstehende Prinzip hat sehr alte und tiefe Wurzeln. Schon der griechische Philosoph Aristoteles beschrieb in seiner Naturphilosophie, dass alle äußeren Erscheinungen eine wirkende Ursache haben („causa efficiens").

Wir möchten Sie mit diesem Buch ermutigen, immer wieder genau diese Fragen zu stellen: Was ist die wirkende Ursache? Warum sehe ich das bei meinem Pferd gerade jetzt? Beschränken Sie Ihren Blick nicht auf äußere Symptome und Krankheitsbilder, sondern schauen Sie hinter die Kulisse. Um allerdings Ihrem Pferd langfristig wirksam zu helfen, ist es wichtig, nicht nur eine Bezeichnung für die Symptome zu finden, sondern die wirkenden Ursachen zu erkennen – das nennen wir den „Causa Effekt".

Das ist schwieriger, als es auf den ersten Blick erscheint. Wir sind es einfach nicht mehr gewohnt, tiefer zu gehen und nach dem „eigentlichen Ursachen" zu suchen. So stellen wir bei unseren Pferden von Zeit zu Zeit Symptome fest – also Anzeichen für eine Erkrankung ohne diese zuordnen zu können. Das sind oft nur kleine Dinge, die keine weitgreifende Wirkung zu haben scheinen. Dennoch sind sie irgendwann da und bleiben meist.

Eine Kombination bestimmter Symptome ergibt dann ein Krankheitsbild, das eine mehr oder weniger bekannte Bezeichnung aufweist. Dazu zählen etwa das Equine Metabolische Syndrom, Hufrehe, Morbus Cushing, Koliken, Allergien und viele weitere Begriffe für ein Symptom oder eine Gruppe von Symptomen, die ein bestimmtes Pferd zu einem bestimmten Zeitpunkt aufweist.

Es spricht nichts dagegen, einem Symptomkomplex einen Namen zu geben. Das hilft ja auch, wenn die „Krankheit" einen Namen hat. Es hilft jedoch nicht die Ursache der Erkrankung zu finden. Schlimmer noch: Jeder hört auf nach den Gründen zu suchen.

Die Kenntnis der wirkenden Ursachen – es sind meist mehrere – ist die Voraussetzung für eine dauerhaft erfolgreiche Behandlung.

Lola, eine 18-jährige Stute

Beleuchten wir den Unterschied zwischen Symptomen, einem Krankheitsbild und den wirkenden Ursachen anhand eines praktischen Beispiels:

Lola, eine 18-jährige Edelblut-Haflinger-Stute ist ein so genanntes Feuerpferd. Was das bedeutet, werden Sie im zweiten Kapitel erfahren. Nur so viel vorab: Als Feuerpferd ist Lola grundsätzlich impulsiv, voller Power und hat viel Vorwärtsdrang.

Lola steht in einem Offenstall, hat in ihrer Herde einen Rang im vorderen Mittelfeld und geht mit ihrer Besitzerin Eva-Maria 3-4-mal pro Woche zum Ausreiten ins Gelände.

Wenn die Pferde auf der Koppel des Offenstalls stehen, bekommen sie tagsüber nur selten Wasser. Lola wird, zusammen mit den anderen Pferden im Stall, zweimal pro Jahr entwurmt: einmal mit Banminth® und einmal mit Panacur®.

Irgendwann nimmt Lola schrittweise zu. Es fällt Anna-Maria zwar auf, aber sie sieht erst einmal keine Notwendigkeit zu handeln.

Darüber hinaus bemerkt sie, dass Lola nach ihren Ausritten verstärkt atmet, mehr und länger nachschwitzt und längere Zeit benötigt, um sich wieder zu erholen.

Und Lola zeigt in den letzten Wochen immer öfter ein Verhalten, dass sie sonst überhaupt nicht kannte: Sie schleckt am Boden, an der Boxenwand, isst den Kot der anderen Pferde und leckt auch häufiger als sonst am Salz-Leckstein.

Sie trinkt mehr und wirkt insgesamt ungewöhnlich unruhig und nervös. Die Herde ist unverändert, und es gibt im Stall selbst keine Hinweise, die das veränderte Verhalten von Lola erklären könnten.

Das geht so über viele Monate. Im Lauf der Zeit wird Lolas Mitte immer breiter. Sie wird im Bereich der Lendenwirbelsäule und des Bauches immer druckempfindlicher und hat deutlich öfter kalte Füße.

Lola hatte im Herbst bereits eine akute Krampfkolik, die mit krampflösenden Medikamenten erfolgreich behandelt wurde.

Eines Tages im Frühling holt Eva-Maria ihre Lola von der Koppel und stellt mit Entsetzen fest, dass sie massiv lahmt, die Vorderbeine entlastet und offensichtlich starke Schmerzen hat. Der eilig herbei gerufene Tierarzt stellt schnell die Diagnose: Hufrehe.

Er verschreibt ein Schmerzmittel und Entzündungshemmer und empfiehlt sofortige Boxenruhe, eine Reduktion des Futters und eine schnelle Bearbeitung des Hufes mit einem Hufrehe-Beschlag. Lolas Besitzerin setzt alle empfohlenen Maßnahmen um. Und in der Folge bessert sich der akute Zustand von Lola – die Hufrehe ist „überstanden".

Aber Eva-Maria wird beim Anblick ihrer Lola immer mehr klar: Irgendwas läuft schief – und das seit Längerem. Lola hat auch ohne akuten Krankheitsbefund eine Reihe von Symptomen, sieht einfach nicht gut aus und hat ihre ganze Energie und geradezu ansteckende Lebendigkeit verloren.

Das Beispiel Lola: Krankheitsbilder, Symptome und die wirkenden Ursachen
Welche Symptome und Krankheitsbilder haben wir also bei Lola gesehen? Und was wissen wir über die wirkenden Ursachen?

Nun, die konkreten Krankheiten sind durch die gestellten Diagnosen schnell gefunden: eine Krampfkolik im Herbst und der akute Hufrehe-Schub im Frühjahr. Beide Krankheiten sind nicht mehr akut und abgeklungen.

Allerdings hat dabei niemand die Frage nach dem Causa Effekt gestellt. Weshalb hat Lola im Herbst die Kolik bekommen? Und warum im Frühjahr den Hufrehe-Schub? Wodurch hat sich die kerngesunde und äußerst aktive Stute so verändert? Und warum neigt sie auf einmal zu all diesen Symptomen und Krankheitsbildern?

Der CAUSA-Effekt bei Lola

Analyse der Symptome, ergänzende Diagnostik und die wirkenden Ursachen.

Um die wirkenden Ursachen bei Lola zu finden, gehen wir in 3 Schritten vor:

Schritt 1: Analyse der Symptome

Im ersten Schritt analysieren wir die von Eva-Maria beobachteten und geschilderten Symptome. Dabei müssen wir bedenken, das Eva-Maria unter Umständen nicht alle wichtigen Details sieht.

Manche Symptome rücken aus verschiedensten Gründen gar nicht erst ins Blickfeld des Besitzers. Hier muss der Pferdetherapeut mit Fingerspitzengefühl hinterfragen, nachhaken und selbst mit den eigenen geschulten Augen analysieren. Die geschilderten Symptome des Pferdes sind in der Praxis der Pferdetherapie stets der erste hilfreiche Ansatz zur wirkenden Ursache und der darauf aufbauenden Therapie.

Schritt 2: Ergänzende Diagnostik

Die Analyse der Symptome und Krankheitsbilder gibt in vielen Fällen schon deutliche Hinweise auf verschiedene wirkende Ursachen. Allerdings fehlt oft die Klarheit im Detail. Welche Mikronährstoffe fehlen konkret? Welche Erreger sind es genau? Gibt es akute Allergien, und wenn ja, welche?

Um zu einem klaren Bild zu kommen, sind häufig neben der Betrachtung der Symptome ergänzende Analysen erforderlich.

Schritt 3: Bestimmung der wirkenden Ursachen.

Haben wir die verschiedenen wirkenden Ursachen gefunden, geht es im dritten Schritt darum, die aktuell wichtigsten Ursachen zu bestimmen. Denn häufig haben wir eine komplexe Vielzahl von wirkenden Ursachen. Manche dieser Ursachen sind aus verschiedenen Gründen nicht oder nur mit unverhältnismäßig erscheinendem Aufwand zu beseitigen. Manche spielen eine geringere Rolle als andere. Und so gilt es die entscheidenden Ursachen heraus zu filtern.

Jetzt konkret zu Lola:
Schritt 1: Die Analyse von Lolas Symptomen.

Neben den konkret diagnostizierten Krankheitsbildern sehen wir bei Lola eine ganze Reihe von Symptomen, die uns wichtige Hinweise auf die wirkenden Ursachen geben. Lassen Sie uns diese auf dem Weg zu einer Gesamtbetrachtung kurz schrittweise analysieren:

Vermehrtes Schwitzen, verstärktes Atmen und die geringere Belastbarkeit.

Diese Symptome sprechen allem voran für eine Problematik im Herz-Kreislauf-System, in chinesischen Medizin würde man die Wandlungphasen Feuer und Wasser in Erwägung ziehen. Als weiterer Ursachenaspekt sollten wir eine Übersäuerung und Überlastung (durch Stoffwechselabfallprodukte, Schadstoffe, wie Schwermetalle und Umweltgifte) des Organismus in Betracht ziehen. Ebenso kommt ein Parasitenbefall in Frage.

Lecken an der Boxenwand und am Boden, Kot der anderen Pferde fressen.

Dieses Verhalten ist bei nahezu allen Vierbeinern ein Hinweis auf eine Entgleisung der Mikronährstoffe im Bereich der Spurenelemente (z. B. Selen, Eisen, Zink, etc.).

Verstärktes Lecken am Salz-Leckstein und vermehrtes Trinken

Auch dieses Verhalten ist ein Hinweis auf ein Ungleichgewicht im Mikronährstoff-Haushalt, hier vorallem im Bereich der Mineralien (z. B. Natrium, Calcium etc.).

Unruhe und Nervosität

Diese Nervosität von Lola kann verschiedene Ursachen haben. So könnten wir dadurch einen Vitamin-B-Mangel vermuten. Möglich wären allerdings auch Viren, die sich im Nervensystem festgesetzt haben. Oder ein Ungleichgewicht zwischen der Wandlungsphase Feuer und Wasser in der chinesischen Medizin.

Druckempfindlichkeit Bauch und Lendenwirbelsäule

Diese Druckempfindlichkeit entsteht durch den aufgeblähten, schmerzhaften Rumpf, der natürlich vom vielen saftigen Futter kommt, und dieses zuviel an Futter geht mit einer Nieren- und Leberüberlastung (durch zu viele Schlacken- und Giftstoffe) einher. Ein weiteres Indiz für die Niere ist die empfindliche Lende. Natürlich kann hier ein zu langer Sattel die Ursache sein, aber meist liegt auch hier genau wie bei der Leber die Ursache in einer Jahre andauernden Überlastung mit schädlichen Stoffen. Auch Erreger wie Parasiten können zu entsprechenden Symptomen führen.

Schritt 2: Ergänzende Diagnostik bei Lola

Um zu einem klaren Bild zu kommen, sind häufig neben der Erfassung und Analyse der geschilderten Symptome weitere Untersuchungen erforderlich.
Im Fall von Lola haben wir nach der Gesamtschau der geschilderten Symptome vor Allem eine vollständige Bioresonanz-Analyse durchgeführt, um die 3 Grundfragen des Equilibre-Prinzips beantworten zu können:

> **Prinzip #1: Was zu viel ist, muss reduziert werden.**
> **Prinzip #2: Was fehlt, muss zugeführt werden.**
> **Prinzip #3: Was schadet, muss entfernt werden.**

Näheres zu den 3 Grundprinzipien des Equilibre finden Sie auf den folgenden Seiten.

Das Ergebnis der Bioresonanz-Analyse konnte eine ganze Reihe der vermuteten Ursachen bestätigen und vor allem auch die so wichtigen konkreten Hinweise liefern.

Schritt 3: Der Causa Effekt bei Lola

Auch wenn nicht alle wirkenden Ursachen sofort und umfassend behandelt werden können, ist es wichtig, diese zu kennen und zu verstehen — sowohl für den Therapeuten, als auch für den Besitzer (in unserem Fall Eva-Maria).

Als Ergebnis der zusammenfassenden Analyse der Symptome sowie der Bioresonanz-Analyse haben sich bei Lola eine Reihe von wirkenden Ursachen ergeben:

1. Parasitenbefall (verschiedene Haarwürmer, Spulwürmer und Bandwürmer)
2. Entgleiste Mikronährstoffe (Mangel an Eisen, Zink, Mangan und Selen sowie den Vitaminen A, D und K)
3. Pilzbefall im Darm (Candida)
4. Bakterien, die das Immunsystem und den Bewegungsapparat schwächen (Borrelien)
5. Übersäuerung der gesamten Muskulatur und des Verdauungstraktes
6. Nieren- und Leberüberlastung
7. Herzfunktionsstörung
8. Übergewicht
9. Erkrankung des Magen-Darm-Traktes

An Lolas Beispiel sehen Sie nun den Unterschied zwischen diagnostizierten Krankheitsbildern, Symptomen und den wirkenden Ursachen. Und in Lolas Fall sind die wirkenden Ursachen im Lauf der Zeit durchaus zahlreich geworden.

Sie verstehen den Unterschied, der sich daraus ergibt.

Wir möchten an dieser Stelle zunächst vor allem den Unterschied zwischen Krankheitsbildern und wirkenden Ursachen darstellen. Krankheitsbilder und die genaue Beobachtung von Symptomen sind das eine. Für eine kurzfristig erfolgreiche Behandlung genügt dieser Blick. So wurden sowohl Lolas Hufrehe, als auch Ihre Kolik, kurzfristig erfolgreich behandelt. Die akuten Krankheitsbilder sind – zumindest vorübergehend - abgeklungen.

Gleichzeitig hat im Rahmen der akuten Behandlungen niemand nach den oben beschriebenen wirkenden Ursachen gefragt. Diese wurden nicht analysiert und sind nicht Teil der Behandlung. Was bedeutet das für Lola?

Wie geht es mit Lola weiter, wenn die beschriebenen wirkenden Ursachen weiterhin keine Beachtung finden?

Und anders herum: Wie geht es mit Lola weiter, wenn die wirkenden Ursachen behandelt werden?

Equilibre

Die 3 Grundprinzipien bei der Behandlung von Pferden.

Sie haben am Beispiel von Lola die Bedeutung der wirkenden Ursachen erkannt, um dauerhaft wirksam zu behandeln. Natürlich ist eine Behandlung stets individuell, da die wirkenden Ursachen unterschiedlicher Natur sein können.
Es gibt allerdings bei der Behandlung von Pferden Grundprinzipien, die stets gleich sind und bei jedem Einzelfall zur Anwendung kommen.

Das Ziel der Therapie nach diesen 3 Prinzipien ist die (Wieder-)Herstellung einer Homöostase – also des Gleichgewichtes aller Funktionen des Pferdes. Daher bezeichnen wir sie als die 3 Grundprinzipien des Equilibre:

> Prinzip #1: Was zu viel ist, muss reduziert werden.
> Prinzip #2: Was fehlt, muss zugeführt werden.
> Prinzip #3: Was schadet, muss entfernt werden.

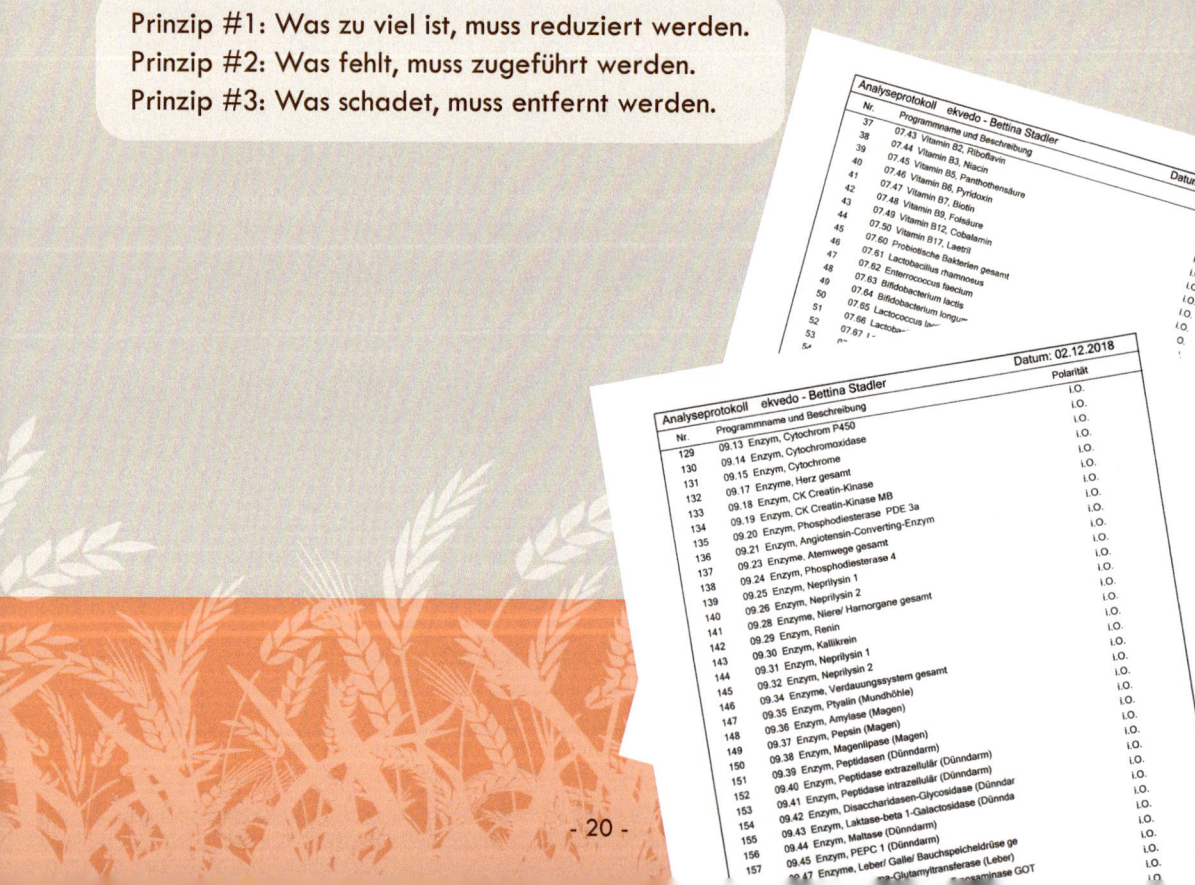

Das Equilibre-Prinzip #1:
Was zu viel ist, muss reduziert werden.

Es gibt eine ganze Reihe von Substanzen, die unsere Pferde regelmäßig benötigen. Die Substanz selbst ist also für das Pferd grundsätzlich nicht schädlich, jedoch gilt der viel zitierte Kurzsatz: Die Dosis macht`s.
So braucht beispielsweise jedes Pferd das Spurenelement Kupfer. Daher enthalten viele Futtermittel dieses Spurenelement, teilweise in hoch dosierter Form. Aber auch in Gras, Heu, Trinkwasser und alten Wasserleitungen ist Kupfer enthalten.

Und so kann es dazu kommen, dass ein Pferd über einen längeren Zeitraum regelmäßig zu viel Kupfer zu sich nimmt. Dabei sind kurzfristige Überdosierungen für ein gesundes Pferd meist kein Problem. Kommt es aber über einen längeren Zeitraum zu Überdosierungen bei einem Pferd mit bereits geschwächtem Allgemeinzustand, können Krankheiten auftreten. Bei einem längerfristigen Überschuss von Kupfer sind beispielsweise Hautreaktionen des Pferdes — wie eine grosse, hartnäckige Mauke — möglich.

Wird bei einem Pferd eine Überdosierung vermutet oder festgestellt, sind 2 Maßnahmen wichtig:

1. Die Zufuhr der zu hoch dosierten Substanz muss reduziert werden.
2. Die Substanz muss ausgeleitet und das Entgiftungssystem (Lymphe - Leber - Niere) gestärkt werden.

Probleme, die durch Überdosierungen entstehen und als solche erkannt werden, können auf diese Weise meist schnell, wirksam und mit moderatem Aufwand beseitigt werden.

Das Equilibre-Prinzip #2:
Was fehlt, muss zugeführt werden.

Das zweite Equilibre-Prinzip basiert auf demselben Grundgedanken: Es gibt eine Reihe von Substanzen, die unser Pferd regelmäßig benötigt. Geben wir ihm diese Substanzen nicht, entsteht ein Mangel. Und aus diesem Mangel resultieren über kurz oder lang Probleme.

Ein ganz einfaches Beispiel sind Wasser und Futter. Jedes Pferd benötigt regelmäßig Wasser und Futter, um zu überleben. Geben wir ihm über längere Zeit kein Wasser, wird es schnell einen Mangel entwickeln. Es entstehen Folgeprobleme und einen längerfristigen, vollständigen Entzug von Wasser wird das Pferd nicht überleben. Dies mag ein drastisches Beispiel sein, doch den moderaten Fall treffen wir in der Praxis relativ häufig an: den längeren oder dauerhaften Flüssigkeitsmangel – sei es aufgrund eingefrorener Leitungen oder einer unzureichenden Wasserversorgung auf den Koppeln. Es gibt vielfältige Gründe, jedoch eines steht fest: dieser Wassermangel hat vielseitige Auswirkungen.

Es gibt natürlich eine ganze Reihe von anderen essenziellen Bestandteilen, die jedes Pferd benötigt. So finden wir gerade in unseren Breitengraden bei vielen Pferden einen chronischen Zinkmangel, der das Immunsystem schwächt, zu stumpfem Fell führt und Probleme mit dem Bewegungsapparat fördert.

Haben wir bei einem Pferd einen bestimmten Mangel festgestellt, sind wiederum 2 Maßnahmen wichtig, um den Mangel zu beseitigen:

1. Die fehlende Substanz muss zugeführt werden.
2. Es muss dafür gesorgt werden, dass der Körper die zugeführte Substanz aufnehmen und verwerten kann (in diesem Fall den Verdauungstrakt stärken).

Das Equilibre-Prinzip #3:
Was schadet, muss entfernt werden.

Das dritte Equilibre-Prinzip spielt gerade bei Pferden sehr häufig eine Rolle. Durch die bei uns üblichen Haltungsformen kommt es dazu, dass Pferde unterschiedlicher Rassen und Herkunft auf engem Raum zusammenstehen.
Der regelmäßige Wechsel in den Herden, Ausflüge und der daraus resultierende Kontakt zu Pferden aus anderen Ställen, ein nicht immer optimales Weidemanagement, unregelmäßiges Abmisten und unzureichende Entwurmungsstrategien schaffen in vielen Pferdeställen nahezu optimale Bedingungen für Erreger aller Art: Parasiten, Viren, Bakterien und Pilze können sich teilweise ungehindert vermehren und ausbreiten.

Ein Pferd braucht keine Erreger
Wir werden in Kapitel 2 noch näher darauf eingehen. Wichtig ist aber schon an dieser Stelle: Kein Organismus „braucht" Erreger. Es gibt bestimmte Bakterien, die natürlich im Körper vorkommen und dort wichtige Aufgaben erfüllen. Aber kein Pferd braucht Würmer, Viren, Schimmelpilze oder schädliche Bakterien. Diese Substanzen schaden nur — und müssen daher aus dem Körper ausgeleitet oder soweit wie möglich minimiert werden.

Und wie Sie vermutlich schon erwarten, gibt es auch beim dritten Equilibre-Prinzip 2 Maßnahmen, sobald Sie einen Erregerbefall festgestellt haben:

1. Der Erreger muss aus dem Körper ausgeleitet, und der Organismus ge stärkt werden. Darüber hinaus muss das Immunsystem gestärkt werden, damit der Körper den Erreger selbst bekämpfen kann.
2. Das befallene Organsystem muss wieder gestärkt werden.

Der CAUSA-EFFEKT: Finden Sie die wirkende Ursache

Wenn Sie bei Ihrem Pferd ein Symptom feststellen oder jemand eine Krankheit diagnostiziert, stellen Sie sich immer die entscheidenden Fragen: Warum tritt dieses Symptom bei meinem Pferd auf? Weshalb tritt es gerade jetzt auf? Welche anderen Symptome kann ich erkennen und was bedeuten sie? Was kann ich tun, um die eigentlichen Ursachen zu finden?

Hören Sie nicht auf zu fragen, wenn jemand eine Bezeichnung für bestimmte Symptome Ihres Pferdes gefunden hat. Fragen Sie weiter und hören Sie nicht auf, bis Sie den wirklichen Grund gefunden haben: Die wirkenden Ursachen der Erkrankung Ihres Pferdes.

Equilibre – die Grundprinzipien der Behandlung

Folgen Sie den 3 Grundprinzipien des Equilibre, um ihr Pferd wieder ins Gleichgewicht zu bringen:

> **Prinzip #1: Was zu viel ist, muss reduziert werden.**
> **Prinzip #2: Was fehlt, muss zugeführt werden.**
> **Prinzip #3: Was schadet, muss entfernt werden.**

LEBENSSUPPE

Ihr Pferd im Gleichgewicht!

Die Lebenssuppe

Nachdem Sie im ersten Teil des Buches die Bedeutung der wirkenden Ursache, sowie die 3 Prinzipien des Equilibre kennen gelernt haben, möchten wir im zweiten Teil etwas tiefer einsteigen. Um Ihnen die Details und verschiedenen Zusammenhänge bildhaft darzustellen, verwenden wir die Lebenssuppe.

Die Lebenssuppe ist ein Bild, das zu einem besseren Verständnis von Krankheitsursachen, wirkungsvollen Behandlungen und einem Leben im Gleichgewicht führt.

Beginnen wir zunächst mit den elementaren Bestandteilen einer guten Suppe:

1. Der Suppentopf
Zunächst benötigen Sie einen Suppentopf, der in Größe, Form und Material optimal zu Ihrer Suppe passt. Die Basis sozusagen: Ohne Topf keine Suppe!

2. Das Salz in der Suppe
Für eine gute Brühe benötigen Sie Wasser und Gewürze. Und Sie benötigen das berühmte Salz in er Suppe - in der richtigen Dosis versteht sich.

3. Das Haar in der Suppe
Das Haar gehört natürlich nicht in die Suppe. Wenn es trotzdem in Ihre Suppe hineingeraten ist, müssen Sie es finden und entfernen.

4. Suppenteller & Besteck
Auch das „Drumherum" muss passen: Der Suppenteller und das Besteck runden das Gesamtbild ab.

Mit Hilfe dieses Bildes lernen Sie in diesem Kapitel die Bestandteile der Lebenssuppe für eine optimale Pferdegesundheit kennen:

1. Der Suppentopf: Die 5 Pferdetypen

Zunächst sollten Sie wissen, welche Veranlagung (auch Konstitution genannt) Ihr Pferd mitbringt. Denn es ist für das Erkennen der wirkenden Ursache und die Wahl der optimalen therapeutischen Behandlung wichtig, die individuellen Stärken und Schwächen Ihres Pferdes zu kennen. Deshalb stellen wir Ihnen die 5 Konstitutionstypen der TCM (Traditionelle Chinesische Medizin) vor: Feuer, Wasser, Holz, Metall und Erde.

2. Das Salz in der Suppe: Mikronährstoffe im Gleichgewicht

Genau wie in einer Suppe alle Zutaten im möglichst optimalen Verhältnis stehen sollten, benötigt Ihr Pferd bestimmte Nährstoffe um gesund und voller Energie zu sein. Dabei dürfen bestimmte (essentielle) Substanzen nicht fehlen, aber auch ein zu viel einer Substanz kann schaden. Darauf gehen wir im Kapitel „Mikronährstoffe – das Salz in der Suppe" ein.

3. Das Haar in der Suppe: Viren, Bakterien, Parasiten und Pilze

Das Haar gehört nicht in die Suppe. Und ein schädlicher Erreger gehört nicht in Ihr Pferd. Daher ist es wichtig, dafür zu sorgen, dass das Haar nicht in die Suppe fällt – und der Erreger Ihr Pferd nicht befällt. Und wenn es doch passiert gilt es schnell und richtig zu handeln. Wie das geht, erfahren Sie im Abschnitt: „Erreger – Das Haar in der Suppe"

4. Suppenteller und Besteck: Sattel, Zähne und Hufe

Wenn es um die optimale Gesundheit eines Pferdes geht, haben die 3 Dinge einen entscheidenden Einfluss: Sattel, Zähne und Hufe. Was Sie selbst tun können, um die Gesundheit Ihres Pferdes in diesem 3 Bereichen optimal zu unterstützen, beschreiben wir in dem entsprechenden Abschnitt.

DIE 5 PFERDETYPEN

Feuer, Wasser, Holz, Metall und Erde

Die 5 Pferdetypen

Kein Ei gleicht dem anderen...

Jeder Mensch ist anders. Denn jeder hat seine individuellen Erbanlagen, eine eigene Herkunftsgeschichte, unterschiedliche Eigenschaften und ganz persönliche Stärken und Schwächen.

Wir reagieren unterschiedlich auf Druck oder Entspannung. Und wir haben unterschiedliche Werte und Prioritäten, die sich im Laufe unseres Lebens verändern oder auch nicht. Auch wir Menschen haben verschiedene Konstitutionen. Was dem einen nützt und ihn stärkt, schwächt den anderen und macht ihn krank. Für uns Menschen ist diese Individualität eine Selbstverständlichkeit.

Genau wie jeder Mensch anders ist, gleicht auch kein Pferd dem anderen. Jedes Pferd hat seine ganz speziellen Erbanlagen, eine eigene Herkunftsgeschichte, unterschiedliche Eigenschaften und ganz persönliche Stärken und Schwächen. Unsere vierbeinigen Partner reagieren unterschiedlich auf Stress, Druck oder Ruhe. Auch sie haben unterschiedliche Bedürfnisse und ein Verlangen nach Sicherheit, dies kann sich im Laufe ihres Lebens verändern. Was dem einen Pferd nützt und es stärkt, schwächt das andere und macht es krank.

Insofern ist es gut und wichtig, sowohl unsere eigene individuelle Konstitution, als auch die unseres Partners zu kennen. Ob der Partner zwei oder vier Beine hat, ist dabei zweitrangig.

Daher werden wir Ihnen in diesem Kapitel in enger Anlehnung an die Typen in der traditionellen chinesischen Medizin die 5 unterschiedlichen Pferdetypen vorstellen:

Das Feuerpferd
Das Wasserpferd
Das Holzpferd
Das Erdpferd
Das Metallpferd

Wir wollen Sie damit ermutigen, die Konstitution Ihrer Pferde zu erkennen, und zu verstehen welche Konsequenzen sich daraus ergeben.

So hat ein Feuerpferd andere Eigenschaften und Bedürfnisse als ein Metallpferd oder ein Pferd mit dem Konstitutionstyp Erde. Dadurch sind die unterschiedlichen Konstitutionstypen auch für verschiedene Symptome unterschiedlich anfällig und brauchen typbedingt bei der Behandlung andere Dinge.

Auch wenn es Überlagerungen und Überschneidungen gibt, lässt sich nach unserer Erfahrung nahezu jedes Pferd einem bestimmten Haupt-Typ zuordnen.
Insofern: Viel Spaß beim Einstieg in die Typbestimmung nach den Grundsätzen der Traditionellen chinesischen Medizin!

Was sind Wandlungsphasen?

Sie finden bei den einzelnen Konstitutionstypen häufig den Begriff der Wandlungsphase in Verbindung mit den Elementen Feuer, Wasser, Holz, Metall und Erde.

Die Wandlungsphasen sind Teil der Fünf-Elemente-Lehre, diese wiederum entstammt der daoistischen Theorie (= chinesische Philosophie) der Naturanschauung. Diese Lehre befasst sich mit den Gesetzmäßigkeiten der Natur und deren dynamischen Prozessen.

Die Elemente Feuer, Holz, Metall, Wasser und Erde sind direkt aus der Natur abgeleitet und nicht statisch, sondern sie unterliegen den dynamischen Zyklen der Jahreszeiten z. B. mit der Hervorbringung im Frühjahr und dem wieder Absterben im Herbst. Diese Interaktion der verschiedenen Elemente bewirkt verschiedenste Prozesse, diese Prozesse und deren Auswirkungen werden unter den einzelnen Wandlungsphasen genau beschrieben.

Im Folgenden verwenden wir aus Gründen der Einfachheit die Abkürzung WPH für das Wort Wandlungsphase.

Wir beginnen mit dem Element FEUER.

Die Energie des Feuers nutzen wir bis heute jeden Tag, ob als Licht oder als Wärmequelle. Es schützt uns vor Kälte und erhellt unser Leben und das seit Urzeiten.

Mit dem Element Feuer verbinden wir verschiedene Phänomene: Jeder kennt die magische Anziehungskraft eines Lagerfeuers, das viele von uns in eine faszinierende Gefühlswelt eintauchen lässt. Manche können stundenlang in ein Feuer schauen und regelrecht darin versinken. Gleichzeitig steckt im Feuer auch eine Gefahr: Wenn das Feuer nämlich außer Kontrolle gerät, kann es verheerende Schäden anrichten. Genauso verliert es seinen wärmenden Effekt, wenn es durch Wasser gelöscht wird.

Was ist Ihr Pferd für ein Element?

Finden Sie es heraus. Nehmen Sie sich eine Stift zur Hand und machen Sie während des Lesens einfach bei den entsprechenden Eigenschaften und Symptome der Elemente ein Kreuz in den weißen Kreis neben dem Text.

Am Ende zählen Sie die Kreuze und addieren diese bei jedem einzelnen Pferdetypen.

Der Pferdetyp der am meisten Kreuze hat ist mit sehr hoher Wahrscheinlichkeit der Ihres Pferdes.

Sollten zwei Typen eine ähnlich hohe Anzahl an Kreuzen aufweisen, dann kann es sich um eine Mischform handeln. Natürlich kann es auch sein, dass Ihr Pferd eine starke Überlagerung aufweist mit einem anderen Element.

Nichts desto trotz wissen Sie nach der Typbestimmung welche Wandlungsphase/n bei Ihrem Pferd zu stärken sind. Und natürlich wissen Sie dann auch welche entsprechenden Organe bei ihrem Pferd gestärkt werden müssen.

DAS FEUERPFERD

DAS FEUERPFERD

Das Feuerpferd ist vor allem eines: voller Energie.
In der chinesischen Medizin steht das Feuer für die Gefühlsbewegung Freude. Durch ihr inneres Feuer wirken die Feuerpferde charismatisch und anziehend auf ihre Umgebung. Das Feuerpferd kann ausgesprochen neugierig, kernig und ausgelassen sein. Es hat Freude an der Bewegung und will diese auch ausleben. Bewegung ist sein Lebenselixier.

Dementsprechend ist es athletisch, meist schlank und sehr ausdauernd. Hinzu kommt bei richtigem Umgang eine sehr hohe Auffassungsgabe. Dadurch bringt es auch ideale Voraussetzungen für die verschiedenen Turnierdisziplinen mit.

Gleichzeitig ist das Feuerpferd stets aufgeladen und reagiert äußerst impulsiv. Es wird leicht unsicher, ängstlich und nervös. Es drängt immer nach vorne, und steht „hoch im Blut".

Erlebt das Feuerpferd eine Gefahrensituation (das kann auch eine aus Menschensicht harmlose Gefahr wie eine offene Hallentür oder eine neue Mülltonne sein), neigt es zu impulsiven bis panischen Reaktionen wie beispielsweise Scheuen, Durchgehen, Steigen oder Buckeln. Genauso ist ruhiges und entspanntes Stehen eine schwierige Aufgabe für ein im Feuer stehendes Pferd.

Feuerpferde regen sich leicht auf. Diese Aufregung kann sich dermaßen steigern, dass das Feuerpferd regelrecht kopflos wird und nicht mehr auf seine eigene und die Unversehrtheit seines Besitzers achtet.

Das geht bis hin zur absoluten Unberechenbarkeit. Deshalb sind sie für manche Besitzer eine große Herausforderung, manchmal sogar eine Gefahr.

„Häufig zeichnet sich das normalerweise ruhige Feuerpferd durch plötzlich auftretende Erregungszustände aus, die sich bis zur Hysterie steigern können."

Haben sie einmal den Respekt vor ihrem Besitzer verloren, wird es ohne professionelle Hilfe schwierig, die gefährlichen Situationen wieder in den Griff zu bekommen. Feuerpferde haben die Tendenz zu steigen und dann sofort durchzugehen. Das Feuerpferd denkt nicht nach, sondern folgt lieber unmittelbar seinem Fluchtreflex. Sein Besitzer muss sich vor allem seine Aufmerksamkeit und seinen Respekt erarbeiten.

Auf der anderen Seite ist das Feuerpferd ausgesprochen zärtlich, lieb und freundlich. Durch einen liebevollen Umgang, eine artgerechte Erziehung ohne Druck und viele Pausen kann das Feuerpferd an Gelassenheit und Ausgeglichenheit gewinnen. Das Feuerpferd sucht sich meist einen besten Freund in der Herde, an dem es besonders hängt. Häufig „klebt" das Feuerpferd regelrecht an seinem Herdenpartner.

Feuerpferde neigen zum vermehrten Nachschwitzen. Sie werden zwar trocken während des Abreitens, in der Box aber wieder nass. Es können auch fleckenförmige oder einseitige Schweißbilder auftreten.

Feuerpferde regen sich schnell auf und verlangen deshalb nach einem rasch handelnden Zweibeiner. Sie benötigen schnell wechselnde Muster, um effizient unterbrochen zu werden, damit die Energie kanalisiert werden kann -> Tempokontrolle ist essenziell wichtig.

Das Feuerpferd im Überblick

- ◯ impulsiv
- ◯ unruhig - „Zappelphillip"
- ◯ energiegeladen
- ◯ extrem aufmerksam
- ◯ reizbar
- ◯ panisch
- ◯ steigt und geht durch
- ◯ buckelt
- ◯ überrennt den Menschen
- ◯ helle/grelle Stimme
- ◯ trägt Kopf hoch
- ◯ macht sich fest
- ◯ reagiert über
- ◯ drängt nach vorne

- ◯ steht hoch im Blut
- ◯ viel Vorwärtsdrang
- ◯ neigt zur Flucht
- ◯ ängstlich
- ◯ nervös
- ◯ emotional aufgeladen
- ◯ unsicher
- ◯ scheut häufig
- ◯ handelt unüberlegt
- ◯ athletisch
- ◯ meist schlank
- ◯ ausdauernd
- ◯ gute Auffassungsgabe

Anzeichen eines Ungleichgewichts in der Wandlungsphase Feuer:

○ Energieverlust meist bei einer Leere in der WPH Feuer.

○ Energiesteigerung meist bei einer Fülle in der WPH Feuer.

○ Erkrankungen des Herz-Kreislauf-Systems, z. B. Kreislaufprobleme bei heißem Wetter, Herzrhythmusstörungen usw.

○ Probleme mit der Lungenfunktion: schwere Atmung mit weiten, gespannten Nüstern ohne oder mit nur leichter Anstrengung, das Pferd atmet flach und schnell, das Pferd beginnt zu husten und hustet immer wieder leicht vor sich hin.

○ Druckempfindlichkeit im Herzbereich, kann sich durch plötzlichen Gurtzwang äußern oder plötzliches Buckeln z. B. in der Wendung.

○ Übersteigerter Sexualtrieb z. B. bei Hengsten im Deckeinsatz.

Anzeichen eines Ungleichgewichts in der Wandlungsphase Feuer:

- ○ Wassereinlagerungen in den Beinen (sog. Ödeme). Krampfadern z. B. an den Schläfen oder auf der Bauchoberfläche zwischen den Rippenbögen.

- ○ Krankheiten, die in den Sommermonaten ausbrechen.
- ○ Darmprobleme, Durchfallneigung, Zwölffingerdarmgeschwüre.

- ○ Eine rote Zungenspitze und/oder dunklere Schleimhäute als gewohnt (Farbung: bläulich).
- ○ Gesteigerte Unruhe, Nervosität und Hektik.

- ○ Schlafstörungen z. B. das Pferd kann sich zum schlafen nicht mehr hinlegen, weil es im Offenstall keine Ruhe findet.
- ○ Pferd hat einen brennenden Durst und trinkt mehr als üblich.

- ○ Vorliebe für Bitteres bei einer Leere in der WPH Feuer Abneigung gegen Bitteres bei einer Fülle in der WPH Feuer

DIE WANDLUNGSPHASE FEUER

FUNKTION
der Wandlungsphase Feuer

Reguliert die
DÜNNDARMTÄTIGKEIT die HERZTÄTIGKEIT
und den Kreislauf.

FARBE
zur Stärkung des Feuerpferdes

ROT

GESCHMACK
die die Wandlungsphase Feuer
stärkt (danach verlangt das
Feuerpferd bevorzugt)

BITTER
(Pflanzen die Bitterstoffe enthalten
z. B. Baldrian, Wermut, Weißdorn,
Adonisröschen, Löwenzahn, u.v.a.)

GERUCH
bei Entgleisungen der
Wandlungsphase Feuer

Nach VERBRANNTEM
(dieser Geruch kann als „Maulgeruch" oder
Fellgeruch wahrgenommen werden)

SINNESORGAN
das der Wandlungsphase
Feuer entspricht

ZUNGE

GEWEBESTRUKTUR
die bei der Wandlungsphase
Feuer am empfindlichsten ist

BLUTGEFÄSSE

KLIMA
das sich negativ auf die
Wandlungsphase Feuer auswirkt

HITZE

DIE WANDLUNGSPHASE FEUER

EMOTIONEN

LUST, FREUDE, SCHRECK

FUTTERMITTEL
die für die Wandlungsphase
Feuer geeignet sind

Roggen, Weizenkleie, Apfeltrester,
Quitte, Amaranth, Rote Beete

JAHRESZEIT
des Feuers - in dieser Zeit
sollte das Feuerpferd
gestärkt werden

SOMMER
(Monate Mai – Juni)

TAGESZEIT
an der die Wandlungsphase
Feuer aktiv ist

11.00 - 15.00 Uhr

1. YANG-ANTEIL
der Wandlungsphase Feuer

HERZ
Uhrzeit von 11.00 - 13.00 Uhr

1. YIN-ANTEIL
der Wandlungsphase Feuer

DÜNNDARM
Uhrzeit von 13.00 - 15.00 Uhr

2. YIN-ANTEIL
der Wandlungsphase Feuer

PERIKARD
(auch Kreislauf-Sexualität)
Uhrzeit von 19.00 - 21.00 Uhr

2. YANG-ANTEIL
der Wandlungsphase Feuer

3-FACHERWÄRMER
Uhrzeit von 21.00 - 23.00 Uhr

∞

DAS WASSERPFERD

DAS WASSERPFERD

Das Wasserpferd ist sensibel und ängstlich. Alles Neue verunsichert es. Oft reagiert es mit aufgeregtem Schnauben und nachfolgender Fluchtreaktion. Änderungen in seinem gewohnten Umfeld etwa ein Blumentopf in der Reithalle oder ein neu gestrichenes Tor am Hofausgang, führen zu großer Aufregung und erscheinen als unüberwindbare Hindernisse.

Wasserpferde suchen nach Sicherheit und Anlehnung. Sie folgen lieber einem ruhigen Führpferd durchs Gelände, als selbst den Ausritt anzuführen. Durch Erfolgserlebnisse wird das Wasserpferd selbstsicherer und gewinnt Vertrauen. Deshalb muss das Selbstbewusstsein dieses Pferdetyps durch lobende und beruhigende Worte unterstützt und aufgebaut werden. Nicht zu viel Druck ausüben!

Die Lernbereitschaft ist ausgeprägt, aber häufig mit Übereifer kombiniert. Das kluge Wasserpferd ahnt voraus, welche Anforderung als Nächstes kommt, und führt die Lektion aus, bevor die entsprechende Hilfengebung erfolgt ist.

Nur geduldiges Wiederholen lässt es ruhiger und gelassener werden. Maulschwierigkeiten, hervorgerufen durch Schmerzen beim Zahnwechsel, finden sich bei diesem Pferdetyp häufig.

Ebenso wie beim Menschen hat die Psyche beim Pferd einen großen Einfluss auf das Immunsystem. Wird das ängstliche Wasserpferd körperlich und psychisch überfordert, treten Erkrankungen auf.

Wasserpferde vertragen Nässe und Kälte nicht gut und frieren schnell.

„Das Wasserpferd ist eifrig und lernbereit, reagiert aber auf Neues stets ängstlich und fühlt sich schnell überfordert."

Dabei springen die Wasserpferde nicht umher, um sich zu wärmen, sondern bleiben stehen und zittern. Im Winter zeigt sich eine Anfälligkeit für Infektionserkrankungen der Atemwege und daraus resultierendem Husten. Werden diese Symptome nicht ausreichend beachtet und behandelt, neigt das Wasserpferd zu chronischen Erkrankungen mit sich wiederholendem Verlauf. Es wird also jeden Winter erneut krank.

In einer Herde verträgt sich das Wasserpferd sehr gut mit anderen Pferden, da es sich leicht ein- bzw. unterordnet. Wird der Stall oder die Herde gewechselt, muss aufmerksam beobachtet werden, wie das Pferd in der neuen Herde zurechtkommt, da es leicht unterdrückt und drangsaliert werden kann. Es isst auch meist sehr gemächlich. Achten Sie daher bei der Offenstallhaltung darauf, dass das Wasserpferd ausreichend Futter und Wasser bekommt!

Obwohl es im Allgemeinen ein schlechter Trinker ist, erweist es sich im Winter (während der Wandlungsphase des Wassers) sehr dankbar für warmes Wasser (das auch mit einem Schuss Apfelsaft schmackhaft gemacht werden kann).

Die These „Der soll sich da mal durchbeißen" gilt nicht für das Wasserpferd, da dieses immer gestärkt werden sollte.

Es hat relativ helle Schleimhäute, und eine kleine, feste Zunge, die sich nicht leicht fassen lässt. Das Maul ist häufig schmal und klein, und die Maulspalte kurz. Die Stimme ist nicht laut und voll, sondern erinnert eher an das Wiehern eines Fohlens.

Das Wasserpferd ist ausgesprochen kontaktfreudig und auf den Menschen bezogen. Wenn es Vertrauen gefasst hat, begrüßt es seinen Menschen meist mit freudigem Wiehern. In einer sicheren Umgebung und mit einem Reiter, der gerecht ist und ihm Sicherheit und Selbstvertrauen gibt, kann das Wasserpferd jede Leistung erbringen.

Das Wasserpferd im Überblick

- ○ ängstlich
- ○ nervös
- ○ defensiv
- ○ emotional aufgeladen
- ○ neigt zur Rückwärtsflucht
- ○ verschmust
- ○ misstrauisch
- ○ ordnet sich leicht unter
- ○ schlägt aus Angst (hinten)
- ○ nach Stillstand Explosion
- ○ neigt zu Überbeinen und Knochenzuwachs

- ○ steht hoch im Blut
- ○ leicht einzuschüchtern
- ○ schnell kopflos
- ○ angespannte Muskulatur
- ○ agil und wendig
- ○ friert schnell
- ○ unvorhersehbar
- ○ unsicher
- ○ scheu
- ○ zögerlich
- ○ feines Mähnen -und Schweifhaar

Anzeichen eines Ungleichgewichts in der Wandlungsphase Wasser:

○ Abneigung gegen Salziges ist eine Fülle in der Wandlungsphase Wasser.

○ Vorliebe für Salziges ist eine Leere in der Wandlungsphase Wasser.

○ Kälteerkrankungen z. B. kalte Extremitäten ab Karpal- und Tarsalgelenk (Sprunggelenk), kalte Stellen z. B. an der Schulter an der Hinterhand z. B. M. gluteus medius.

○ Der Symptomkomplex „Kreuzverschlag" wäre eine Fülle in der WPH Wasser hier im speziellen in der Blase.

○ Das Pferd fröstelt und friert leicht.

○ Atemwegserkrankungen: im speziellen Husten im Winter und chronischer Husten, der sich durch Kälte verschlimmert.

Anzeichen eines Ungleichgewichts in der Wandlungsphase Wasser:

○ Rückenschmerzen und -probleme vor allem im LWS-Bereich (ACHTUNG wenn Sattel zu lang ist wird die WPH Wasser geschwächt).

○ Reizblase, Blasenentzündung (dunkler Urin), Nierenentzündung, Nierenkolik.

○ Alle Erkrankungen rund um das Ohr z. B. Fellverlust nur um die Ohren.

○ Erkrankungen der Knochen: Neigung zu Überbeinen/Knochenzuwachs, Neigung zu Knochenbrüchen, langsame Knochenheilung.

○ Pferd sieht überall Gespenster und hat eine riesige Angst/Panik.

○ Alle Erkrankungen, die immer im Winter auftreten.

DIE WANDLUNGSPHASE WASSER

FUNKTION
der Wandlungsphase Wasser

WEICHT GEWEBE AUF ->
z. B. gutartige Geschwülste und Zysten

FARBE
zur Stärkung der
Wandlungsphase Wasser

DUNKELBLAU - SCHWARZ

GERUCH
bei Entgleisungen der
Wandlungsphase Wasser

FAULIG
(dieser Geruch kann als „Maulgeruch"
und/oder Fellgeruch wahrgenommen werden)

SINNESORGAN
für die die Wandlungsphase
Wasser anfällig ist

OHREN

GEWEBESTRUKTUR
die bei der Wandlungsphase
Wasser am empfindlichsten ist

KNOCHEN

KLIMATISCHE EINFLÜSSE
Die sich negativ auf die
Wandlungsphase Wasser auswirken

KÄLTE und NÄSSE

EMOTIONEN
des Wassers

ANGST, FURCHT, SCHOCK

DIE WANDLUNGSPHASE WASSER

JAHRESZEIT
des Wassers
In dieser Zeit sollte
das Wasserpferd gestärkt werden

WINTER
(Monate November – Februar)

GESCHMACK
die die Wandlungsphase Wasser stärkt
(danach verlangt das Wasserpferd
bevorzugt)

SALZIG -> Salz-Leckstein dieser sollte
sowieso jedem Pferd tgl. und
ausreichend zur Verfügung stehen

TAGESZEIT
an der die Wandlungsphase
Wasser aktiv ist

15.00 - 19.00 Uhr

YANG - ANTEIL
der Wandlungsphase Wasser

BLASENFUNKTIONSKREIS
Uhrzeit von 15.00 - 17.00 Uhr

YIN - ANTEIL
der Wandlungsphase Wasser

NIERENFUNKTIONSKREIS
Uhrzeit von 17.00 - 19.00 Uhr

∞

DAS HOLZPFERD

DAS HOLZPFERD

Dieser Pferdetyp ist sehr dominant. Er zeichnet sich durch Mut, Unerschrockenheit und Impulsivität aus. Die Sprichworter: „Mir ist eine Laus über die Leber gelaufen" und „Mir steigt die Galle hoch" treffen auch auf das Holzpferd zu.

Dieser zornige Charakter, den wir auch beim Menschen finden, kennzeichnet das Holzpferd. Pferde, die zu diesem Typ gehören, sind ausgesprochen leistungsfähig. Im Gegensatz zum ängstlichen, schwachen Wasserpferd ist das Holzpferd nicht schwach, sondern stark.

Es muss weniger gefördert, sondern eher ausgeglichen werden. Der Umgang mit ihm erfordert viel Geduld und Geschick seitens des Pferdebesitzers. Bei einem Holzpferd ist es außerordentlich wichtig, dass es Respekt vor dem Zweibeiner hat, um überhaupt mit ihm kommunizieren zu können.

Andererseits wird es auf zu hartes oder inkonsequentes Bestrafen mit starkem Widerstand reagieren. Nach der chinesischen Lehre ist Ärger die Ursache für das Entstehen eines Leber-Qi-Staus. Mit einem Leber-Qi-Stau gehen Übersäuerung und Muskelverspannungen einher.

Das Holzpferd baut schon einen erhöhten Muskeltonus auf, wenn es einen Tag neben einem Boxennachbarn steht, den es nicht leiden kann. Deshalb ist es wichtig, auf eine ausgeglichene Umgebung zu achten.

Aufgrund des schnell erhöhten Muskeltonus und einer empfindlichen Haut entstehen häufig Probleme beim Satteln und Gurten. Gerne wird der „Sattelzwang" mit einem Leber-Qi-Stau verwechselt!

„Holzpferde sind dominant. Sie sind mutig, unerschrocken und sie können sich über jede Kleinigkeit sehr ärgern."

Diese Pferde sind vor allem für sogenannte „Wind-Erkrankungen" empfänglich, beispielsweise Virus-Infektionen, vor allem im Frühjahr. Typisch sind auch periodische Bindehautentzündungen.

In der Herde nimmt das Holzpferd meist eine dominante Stellung ein. Wird die Führungsposition nicht eindeutig anerkannt, kommt es zu Rangstreitigkeiten, an denen es sicher beteiligt ist. Dadurch neigen diese Pferde eher zu Verletzungen innerhalb der Herde.

Das Holzpferd neigt auch zu roten, entzündeten Schleimhäuten. Es hält die Maulspalte oft fest geschlossen und angespannt, mit vielen, kleinen Falten rund um die Lippen. Das Holzpferd ist leistungsbereit, wenn der Reiter weiß, wie er mit ihm umzugehen hat. Da es meist ein außerordentlich gutes Gedächtnis besitzt, merkt es sich unangenehme Situationen sehr lange, und widersetzt sich in solchen Situationen schon früh.

Das Holzpferd registriert die Fehler seines Reiters oder Fahrers ausgesprochen schnell, und weiß diese zu nutzen. Wichtig ist hier eine konsequente und gerechte Erziehung. Diese Pferde sind in der Regel nicht für Anfänger geeignet.

Ein Pferd dieser Kategorie kann sehr gefährlich werden, wenn es dem Menschen nicht vertraut, ihn nicht respektiert oder wenn es sich langweilt. Holzpferde sind extrem energiegeladen, regen sich schnell auf und verlangen deshalb nach einem rasch handelnden Reiter. Sie benötigen schnell wechselnde Übungsmuster, damit ihre Energie in geordnete Bahnen geleitet werden kann.

Das Holzpferd im Überblick

- ○ dominant
- ○ aufdringlich
- ○ eigenwillig
- ○ legt schnell die Ohren an
- ○ selbstsicher
- ○ neugierig
- ○ verspielt
- ○ aufgeweckt
- ○ charismatisch

- ○ neigt zum Beißen
- ○ schlägt mit dem Vorderbein
- ○ überschäumend
- ○ verspannte Muskulatur
- ○ buckelt
- ○ boshaft
- ○ ungezogen
- ○ nimmt alles ins Maul

Anzeichen eines Ungleichgewichts in der Wandlungsphase Holz:

- ○ Vorliebe für Saures ist eine Leere in der WPH* Holz.
- ○ Abneigung gegen Saures ist eine Füllle in der WPH* Holz.

- ○ Schwankende Stimmung von Antriebslosigkeit bis zur völligen Überdrehtheit.

- ○ Rascher Fieberanstieg in kurzer Zeit.

- ○ Plötzlicher Juckreiz und/oder Ekzeme aller Art mit Juckreiz.

- ○ Zyklusbeschwerden bei Stuten, schlechte Spermaqualität oder Zeugungsunfähigkeit bei Hengsten.

- ○ Kopfschmerzen: schwer zu erkennen bei Pferden; mögliche Anzeichen sind: verkrampfte Mundwinkel, verspannte Augenpartie, hängender Kopf, Apathie.

Anzeichen eines Ungleichgewichts in der Wandlungsphase Holz:

○ Verspannungen, Muskelschmerzen, Muskelübersäuerung.

○ Alle heftig und plötzlich auftretenden Augenerkrankungen, ständig tränende Augen (ein- und beidseitig).

○ Zugluftempfindlichkeit / Wetterfühligkeit.

○ Alle Erkrankungen, die im Frühjahr auftreten z. B. Koliken, Allergien, Hufrehe.

○ Leberfunktionsstörungen aller Art.

○ Zorniges-gereiztes Gemüt: das Pferd schnappt und beißt. Im schlimmsten Fall attackiert es den Menschen.

DIE WANDLUNGSPHASE HOLZ

FUNKTION
der Wandlungsphase Holz

ZUSAMMENZIEHEND
trocknet Schleim, stoppt Durchfall

FARBE
zur Stärkung des Holzpferdes

GRÜN

GESCHMACK
die die Wandlungsphase Holz
stärkt (danach verlangt das
Holzpferd bei Schwäche)

SAUER
(z.B. Sauergrasgewächse oder Riedgräser)

GERUCH
bei Entgleisungen der
Wandlungsphase Holz

RANZIG
(dieser Geruch kann als „Maulgeruch"
und/oder Fellgeruch wahrgenommen
werden)

SINNESORGANE
für die die Wandlungsphase
Holz anfällig ist

AUGEN

GEWEBESTRUKTUR
die bei der Wandlungsphase
Holz am empfindlichsten ist

MUSKELN UND SEHNEN

∞

DIE WANDLUNGSPHASE HOLZ

KLIMATISCHE EINFLÜSSE
Die sich negativ auf die
Wandlungsphase Holz auswirken

WIND

EMOTIONEN
des Holzes

WUT UND ZORN

JAHRESZEIT
des Holzes. In dieser Zeit sollte
das Holzpferd gestärkt werden

FRÜHLING
(Monate März - April)

TAGESZEIT
an der die Wandlungsphase
Holz aktiv ist

23.00 – 3:00 Uhr

YANG - ANTEIL
der Wandlungsphase Holz

GALLENBLASENFUNKTIONSKREIS
Uhrzeit von 23.00 - 01.00 Uhr

YIN - ANTEIL
der Wandlungsphase Holz

LEBERFUNKTIONSKREIS
Uhrzeit von 01:00 - 03.00 Uhr

∞

DAS METALLPFERD

DAS METALLPFERD

Das Metallpferd zeichnet sich durch sein ausgeglichenes, arbeitsfreudiges Temperament aus. Besonders auffällig ist, wie es die Kontrolle über all seine Reaktionen behält. Im Gegensatz zum ängstlichen Wasserpferd, dem ärgerlichen Holzpferd und dem überschäumenden Feuerpferd neigt es nicht zu Übertreibungen. Es kommt jeden Tag aufmerksam und hochmotiviert aus seiner Box und arbeitet konsequent mit. Neuem gegenüber verhält sich das Metallpferd vorsichtig. Es reagiert dabei aber nicht ängstlich, sondern selbstsicher.

Das Metallpferd ist ein eher unauffälliges Pferd, wirkt vom Körperbau selten spektakulär, wie häufig das Holzpferd. Der Körperbau des Metallpferdes ist durch Trockenheit geprägt. Es weist trockene, klare Gelenke, ruhige Augen und wenig Muskulatur auf.

Das Metallpferd gewinnt durch seine zuverlässige Arbeitsbereitschaft. Da es mitmacht und versucht, sein Bestes zu geben, kann es ständiges Unterordnen schlecht vertragen.

Wird es überfordert, äußert sich das weniger im Nachlassen der Mitarbeit als in körperlichen Erscheinungen, wie Haut- und Lungenproblemen. Dabei ist die Haut oft trocken und schuppig.

Die traditionelle chinesische Lehre betrachtet die Lunge als Platz der Körperseele.

Diese wird durch Emotionen wie Trauer oder Kummer beeinflusst. Treten solche Emotionen auf, wird die Körperseele beengt. Das Lungen-Qi wird geschädigt und die Atmung behindert.

„Das Metallpferd ist ausgeglichen, arbeitsfreudig, vorsichtig, aber selbstsicher und behält stets die Übersicht."

Metallpferde ordnen sich in der Herde problemlos ein. Ein Herdenwechsel stellt für sie im Allgemeinen kein größeres Problem dar, ganz im Gegensatz zum Wasserpferd. Meist finden sie sich in der neuen Umgebung schnell zurecht. Auch hier zeigt sich ihre Klugheit und Übersicht. Das Metallpferd ist ein sachliches, kontaktfreudiges Pferd.

Um Leistung über lange Zeit erbringen zu können, muss es körperlich langsam aufgebaut werden. Besonderer Wert ist auf die Ausbildung und Stärkung der Muskulatur zu legen. Erkennt der Reiter die Leistungsbereitschaft und Klugheit seines im Element Metall stehenden Pferdes an und lobt es entsprechend, kann er sich keinen besseren Partner wünschen.

Das Metallpferd im Überblick

- ○ kontaktfreudig
- ○ abgeklärt
- ○ freundlich
- ○ leistungsbereit
- ○ zuverlässig
- ○ dominant
- ○ selbstsicher
- ○ furchtlos

- ○ macht sich schnell fest
- ○ schuppiger Mähnenansatz
- ○ langsamer Muskulaturaufbau
- ○ sorglos
- ○ neugierig
- ○ tolerant
- ○ verspielt
- ○ hustet leicht

Anzeichen für ein Ungleichgewicht in der Wandlungsphase Metall:

○ Vorliebe für Scharfes ist eine Leere in der WPH Metall.

○ Abneigung gegen Scharfes eine Fülle in der WPH Metall.

○ Alle Erkrankungen der Atemwege: akuter und chronischer Natur, verschleimte Bronchien und Kehlkopfentzündung.

○ Erkrankungen im Verdauungstrakt speziell im Dickdarm: Durchfall, Verstopfung, Kotwasser, Kolik

○ Erkrankungen des Verdauungstraktes, die mit heftigen Blähungen einher gehen z. B. Schimmelpilz-, Salmonellen- und Chlostridieninfektionen.

○ Alle Erkrankungen, die im Herbst auftreten.

Anzeichen für ein Ungleichgewicht in der Wandlungsphase Metall:

○ Erkrankungen, die mit Symptomen der Trockenheit einhergehen: trockene, schuppige Haut vor allem am Mähnenkamm, am Mähnenansatz, gerne auch am Schweifansatz, trockene Schleimhäute, trockene Augen, trockene Maulwinkel.

○ Flechten und Schuppen an Hautstellen an denen sich durch Kratzen in der Folge das Fell ablöst.

○ Verstopfung kombiniert mit einem trockenen Husten.

○ Ein Metallpferd kann es nicht gut verkraften, wenn es sich von einem zwei- oder vierbeinigem Kumpel verabschieden muss. Es kann stark trauern.

DIE WANDLUNGSPHASE METALL

FUNKTION
der Wandlungsphase
Metall

RHYTHMISCHE REGULATION
aller Körperfunktionen
Sitz der Körperseele (welche die Instinkte
beherrscht)

FARBE
zur Stärkung des Metalls

WEISS

GESCHMACK
die die Wandlungsphase Erde
stärkt (danach verlangt das
Erdepferd bei Schwäche)

SCHARF

GERUCH
bei Entgleisungen der
Wandlungsphase Erde

VERWESEND

SINNESORGAN
für die die Wandlungsphase
Metall anfällig ist

NASE

GEWEBESTRUKTUR
die bei der Wandlungsphase
Metall am empfindlichsten ist

HAUT

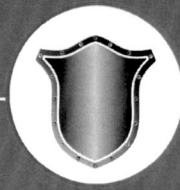

DIE WANDLUNGSPHASE METALL

KLIMATISCHE EINFLÜSSE
Die sich negativ auf die
Wandlungsphase Metall auswirken

TROCKENHEIT

EMOTIONEN
der Wandlungsphase
Metall

TRAUER, SORGE, KUMMER

JAHRESZEIT
der Wandlungsphase Metall
In dieser Zeit sollte
das Metallpferd gestärkt werden

HERBST
September - November

TAGESZEIT
an der die Wandlungsphase
Metall aktiv ist

3:00 – 7:00 Uhr

YIN - ANTEIL
der Wandlungsphase Metall

LUNGENFUNKTIONSKREIS
Uhrzeit von 3:00 – 5:00

YANG - ANTEIL
der Wandlungsphase Metall

DICKDARMFUNKTIONSKREIS
Uhrzeit von 5:00 – 7:00

∞

DAS ERDPFERD

DAS ERDPFERD

Das Erdpferd ist gemütlich und lässt sich nicht so schnell aus der Ruhe bringen. Obwohl es Leistung erbringen kann, zieht es ein Leben in Ruhe und ohne Anstrengung vor. Sein Appetit ist stark ausgeprägt und reicht von übermäßig bis gierig. Als schlechter Futterverwerter neigt es zu Übergewicht.

Das Erdpferd ist ein zuverlässiger Begleiter und, somit gerade für Anfänger hervorragend geeignet. Sobald der Reiter die treibenden Hilfen einstellt, wird das Erdpferd langsamer oder hält an.

Zu Beginn der Arbeit ist das Erdpferd häufig faul und triebig. Erst nachdem es warm geworden ist, steigen auch seine Motivation und sein Fleiß. Die Ausgeglichenheit dieser Pferde wird oft mit Sturheit und Insensibilität verwechselt. Viele Reiter tendieren dazu, mit einem Erdpferd grob und ungerecht umzugehen, und übersehen dabei die Vorteile dieses Pferdetyps. Das Erdpferd lernt sehr langsam, hat es eine Lektion jedoch verstanden, ist diese jederzeit abrufbar.

Im Gegensatz zum Holzpferd, das sich je nach Tagesform verspannt und die geforderten Aufgaben dann nicht mehr ausüben kann, wird das Erdpferd die geforderte Lektion gerne unter Beweis stellen.

Muskulatur und Bindegewebe dieser Pferde sind weich. Es besteht die Neigung zu Ödemen. Die Ausgeglichenheit des Erdpferdes verändert sich bei körperlicher und geistiger Überanstrengung in ausgesprochene Trägheit und Phlegma.

Werden neue Lektionen zu schnell gefordert oder ist das Erdpferd bezüglich seines Ausbildungsstandes noch zu schwach für die Tragearbeit der Hinterhand, wehrt es sich nicht gegen den Reiter, sondern zieht sich nach innen zurück und reagiert

„Erdpferde sind gemütlich, ausgeglichen, haben keinen großen Leistungswillen und vergessen wenig. "

auf reiterliche Hilfen immer langsamer oder irgendwann überhaupt nicht mehr.

In der Lehre der TCM hält die Milz die Dinge an ihrem Platz und sorgt für den Flüssigkeitstransport im Körper. Kommt sie dieser Aufgabe nicht nach, tritt Flüssigkeit ins Bindegewebe, und es kommt zu angelaufenen Beinen. Durch Bewegung auf der Koppel oder beim Reiten schwellen die Beine ab, sind aber meist am nächsten Tag erneut angelaufen.

In der Herde steht das Erdpferd weder ganz oben noch ganz unten. Er streitet sich nicht fortwährend um soziale Rangordnungen, sondern findet meist einen Kumpel, mit dem es fortan zufrieden und entspannt grast. Wird es geärgert, wehrt er sich im Gegensatz zum Wasserpferd vehement, wird aber sofort wieder friedlich, sobald es in Ruhe gelassen wird.

Das Maul des Erdpferdes ist weich und weist häufig eine hängende Unterlippe auf. Die Schleimhäute sind rosarot und mit viel Speichel überzogen. Die Zunge ist weich und schlapp und kann ein wenig aus dem Maul heraus schauen.

Der Erdpferd ist ein freundliches, liebenswertes Pferd, das auch einem ängstlichen Menschen Sicherheit und Freude spendet. Wird im Training auf die Langsamkeit des Erdpferdes Rücksicht genommen (-> nicht zu früh einreiten und gezielten Muskelaufbau betreiben) und durch strukturiertes Aufbautraining die Kraftentwicklung unterstützt, ist das Erdpferd ein treuer und verlässlicher Gefährte. Es eignet sich auch bestens für den Turniersport, insbesondere für Einsteiger.

Diese Pferde gewinnen meist dadurch, dass sie auf absolut nichts reagieren, solange, bis der Mensch aufgibt. Sie wirken oft zurückgezogen und gemütlich. Die Dinge in ihrem Umfeld sollten langsam geschehen. Sie werden oft zu Unrecht als stur und dumm bezeichnet. Ideal eignen sie sich für Späteinsteiger und Reitanfänger.

Das Erdpferd im Überblick

- wenig Vorwärtsdrang
- introvertiert
- reagiert langsam
- neigt zum Stehenbleiben
- wenig Energie
- tolerant
- sorglos
- selbstsicher
- reagiert überhaupt nicht
- desinteressiert
- buckelt, wenn ihm etwas nicht passt

- dickköpfig
- unmotiviert
- geduldig
- freundlich
- verlässlich
- nervenstark
- unbeirrbar
- „Dampflok"
- gutes Geländepferd
- futterorientiert
- übernimmt unbemerkt die Führungsposition in der Pferde-Mensch-Herde

Anzeichen für ein Ungleichgewicht in der Wandlungsphase Erde:

○ Vorliebe für Süßes - Leere in der WPH Erde.

○ Abneigung gegen Süßes - Fülle in der WPH Erde.

○ Erkrankungen die im Spätsommer auftreten.

○ Erkrankungen, die bei feuchtem oder feucht-schwülem Wetter auftreten: Kolik, Magen-Darm-Beschwerden.

○ Erkrankungen des Magens: Magengeschwür, Blähungen.

○ Erkrankungen des Bindegewebes: Bindegewebsschwäche -> schwammige Haut, Arthritis.

○ Erkrankungen der Mundhöhle z. B. Zahnfleischprobleme.

Anzeichen für ein Ungleichgewicht in der Wandlungsphase Erde:

○ Bei Übergewicht Heisshunger: Das Pferd frisst wie ein „Scheunendrescher" - Es versucht durch Fressen, die Leere in der WPH Erde zu kompensieren.

○ Bei Untergewicht ist eine Fülle in der WPH Erde vorhanden und deshalb fehlt das Hungergefühl z. B. bei einem Magengeschwür.

○ Allgemeine Antriebslosigkeit.

○ Müdigkeit nach Kraftfuttergabe und/oder nach der Arbeit.

○ Das Pferd wird immer introvertierter und zieht sich in sich zurück.

DIE WANDLUNGSPHASE ERDE

FUNKTION
der Wandlungsphase Erde

AUFNAHME UND VERTEILUNG
VON NAHRUNG

FARBE
zur Stärkung der
Wandlungsphase Erde

GELB

GESCHMACK
die die Wandlungsphase
Erde stärkt (danach verlangt das
Erdepferd bevorzugt)

SÜSS

GERUCH
bei Entgleisungen der
Wandlungsphase Erde

SÜSS duftend

SINNESORGAN
für die die Wandlungsphase
Erde anfällig ist

MUND

GEWEBESTRUKTUR
die bei der Wandlungsphase
Erde am empfindlichsten ist

MUSKELN

DIE WANDLUNGSPHASE ERDE

KLIMATISCHE EINFLÜSSE
Die sich negativ auf die
Wandlungsphase Erde auswirken

FEUCHTIGKEIT

EMOTIONEN
der Wandlungsphase Erde

GRÜBELEI, SCHWERMUT

JAHRESZEIT
der Wandlungsphase Erde
In dieser Zeit sollte
das Erdepferd gestärkt werden

SPÄTSOMMER

TAGESZEIT
an der die Wandlungsphase
Erde aktiv ist

7:00 – 11:00 Uhr

YANG-ANTEIL
der Wandlungsphase Erde

MAGENFUNKTIONSKREIS
Uhrzeit von 7:00 – 9:00 Uhr

YIN - ANTEIL
der Wandlungsphase Erde

MILZ-PANKREAS-FUNKTIONSKREIS
Uhrzeit von 9:00 – 11:00 Uhr

∞

Zusammenfassung Pferdetypen:

Sie haben jetzt die 5 elementaren Pferdetypen kennen gelernt: Feuer, Wasser, Holz, Metall und Erde. Sie kennen die wesentlichen Unterschiede und die daraus resultierenden Stärken und Schwächen.

Haben Sie beim Lesen Ihr Pferd erkannt? Hatten Sie öfter den „Ja, genau so ist es"-Effekt? Kennen Sie jetzt den Konstitutionstyp Ihres Pferdes, bzw. Ihrer Pferde?

Dann nehmen Sie sich nochmals ein paar Minuten Zeit und Beantworten Sie dabei folgende Fragen:

Welche Eigenschaften sind bei meinem Pferd am stärksten ausgeprägt?

_____

Was bedeutet das für mich im täglichen Umgang?

_____

Worauf muss ich bei meinem Pferd besonders achten?

_____

Was sind die typbedingten Schwachpunkte meines Pferdes?

_____

Was muss ich bei meinem Pferd besonders fördern?

_____

MIKRONÄHRSTOFFE

Das Salz in der Suppe

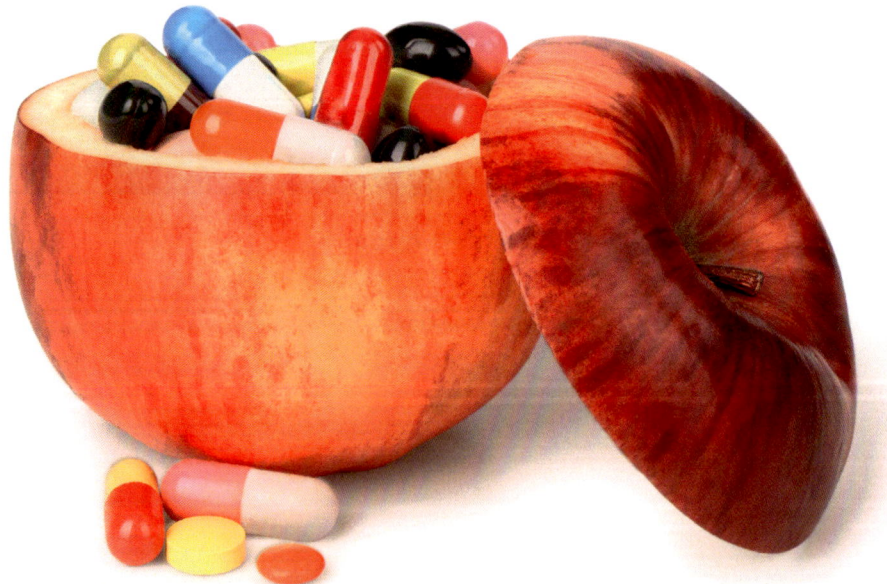

Das Salz in der Suppe: Mineralisierung im Gleichgewicht

Damit Ihre Suppe gut schmeckt, muss sie optimal gewürzt sein. Das bedeutet, dass alle verwendeten Gewürze zum gewünschten Geschmackserlebnis passen. Kein Bestandteil sollte in zu großer oder zu kleiner Menge enthalten sein, um einen „runden" Geschmack zu ergeben.

Genauso ist es bei Ihrem Pferd: Es braucht bestimmte (essenzielle) Nährstoffe, Mineralien, Vitamine und Spurenelemente. Und diese Stoffe sollten im richtigen Verhältnis zueinanderstehen. Nehmen Sie einen Bestandteil in zu geringer Dosis oder gar nicht auf, entsteht ein Mangel. Und wenn Sie ein Element über längere Zeit in zu großer Menge aufnehmen, muss der Körper dieses „Zuviel" in irgendeiner Weise kompensieren.

Wichtig zu wissen: Ein Überschuss und ein Mangel erzeugen häufig ähnliche Symptome oder verlaufen im schlimmsten Fall symptomlos. Daher ist es in der Praxis entscheidend wirklich zu wissen, ob Überschüsse oder Mangelsituationen vorliegen, bevor man eingreift.

Hinzu kommen die Wechselwirkungen verschiedener wirkender Ursachen. So kann beispielsweise ein Parasit im Darm zu einem Mangel an bestimmten B-Vitaminen führen. Dieser Mangel an B-Vitaminen führt u. a. zu einer Verlangsamung aller Stoffwechselprozesse und zu Problemen in der Blutbildung, was wiederum die Darm-Parasiten stärkt.

Die oft praktizierte Methode, dem Pferd ein „ganz besonderes tolles (sehr teures) Futtermittel" zu geben (indem „irgendwie Alles" drin ist), führt nur selten zum gewünschten Erfolg.

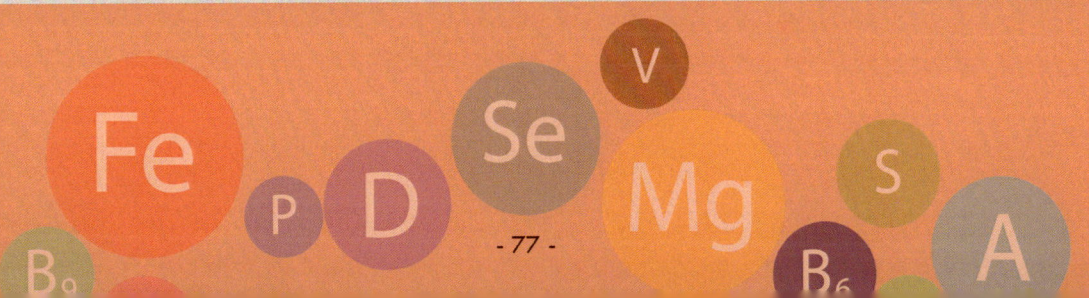

Im Gegenteil: Die oft schädlichen Inhaltsstoffe (z. B. Schädlingsbekämpfungsmittel, die zur längeren Haltbarkeit des Futters verwendet werden), sind Teil der wirkenden Ursache oder beeinflussen das Ergebnis negativ. Dadurch kann die gut gemeinte Gabe des teuren Futtermittels zu einem vollkommen unerwarteten Ergebnis führen.

Doch welche Bestandteile braucht Ihr Pferd in welcher Menge?
Und woher wissen wir, was zu viel und was zu wenig ist?

Mineralien, Vitamine, Spurenelemente & Co:
Bleiben Sie stets offen für Neues. Auch die beste Zusammenstellung von Elementen und Nährstoffen in einem fertigen Futtermittel/Zusatzfuttermittel für die optimale Gesunderhaltung Ihres Pferdes ist nie vollständig oder so individuell, wie es ihr Pferd bräuchte.

Zum einen lernen wir immer wieder neue Elemente, Zusammenhänge und Wirkungsweisen kennen, zum anderen beschränken wir uns aus ganz praktischen Gründen auf die wesentlichen und bekannten Elemente in einer Analyse.

Insofern finden Sie nachfolgend eine Übersicht über die Elemente, die nach unserer Erfahrung bei der Pferdefütterung eine wesentliche Rolle spielen.

Parameter einer Mikronährstoffanalyse

Mineralien
Calcium
Kalium
Magnesium
Natrium

Spurenelemente
Eisen
Zink
Mangan
Kupfer
Molybdän
Jod
Kobalt
Chrom
Selen

Vitamine (fettlöslich)
Vitamin C und alle B Vitamine

Vitamine (wasserlöslich)
Vitamin E, D, K (K, K1, K2), A

Säure-Basen-Haushalt

Schwermetalle u. Umweltgifte

Probiotische Bakterien

Fettsäuren

Enzyme

Aminosäuren

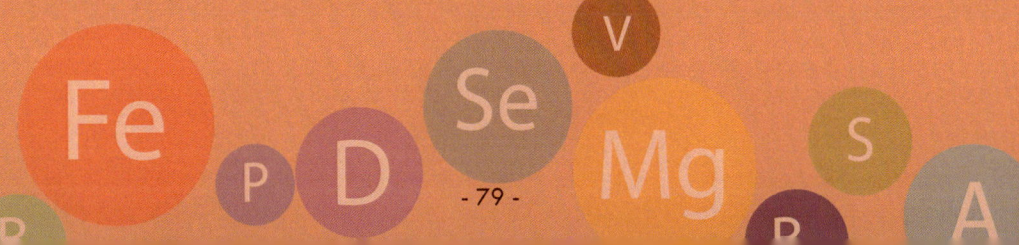

Was ist zu viel, was ist zu wenig — und wie kann ich das feststellen?

Wenn Ihr Pferd Symptome zeigt, die einen Mangel oder einen Überschuss vermuten lassen, ist es im ersten Schritt entscheidend, den aktuellen Status zu klären.
In der Praxis hören wir häufig Erklärungen wie „Die Mineralisierung meines Pferdes ist vollkommen in Ordnung. Das wurde erst vor Kurzem überprüft".

Wenn wir dann konkret nachfragen und uns zeigen lassen, was genau gemessen und geprüft wurde, stellen wir sehr oft fest, dass nur einige wenige Werte erfasst wurden.

Der Klassiker: Das Blutbild

So werden beispielsweise im Rahmen eines „großen Blutbildes" in der Regel nur Kalium-, Natrium-, Calcium- und Magnesiumspiegel gemessen. Die in unseren Breitengraden aufgrund der Zusammensetzung unserer Weiden häufig relevanten Werte für Selen und Zink werden in der Regel nur auf explizite Nachfrage erfasst, von den anderen Werten ganz zu schweigen.

Jede Aussage zur Mineralisierung eines Pferdes ist nur so wertvoll wie die ihr zugrunde liegende Diagnose. Solange wir nur einen kleinen Bruchteil der möglicherweise relevanten Elemente (und damit der möglicherweise wirkenden Ursachen) messen, viele Werte jedoch einfach gar nicht erheben, bleibt jede daraus abgeleitete Analyse unvollständig.

Gleichzeitig sind eine vollständige Analyse und die erforderliche Interpretation und Auswertung aller relevanten Mikronährstoffe über ein Blutbild aufwendig und dementsprechend teuer. Hinzu kommen einige technische Aspekte bei der Blutentnahme, auf die Sie auch selbst achten sollten. Denn Blut ist ein sehr sensibles Medium.

In der Humanmedizin erfolgt die Blutabnahme stets nüchtern – ohne vorherige Nahrungs- und Wasseraufnahme. Nach der Entnahme muss das Blut für einige Parameter abzentrifugiert werden, um Plasma und Serum zu trennen.

In der Pferdepraxis sieht die Realität meist anders aus: Nur selten wird darauf geachtet, dass das Pferd nüchtern ist, kaum jemand hat eine Zentrifuge dabei, um Plasma und Serum vor Ort zu trennen (wichtig für die Bestimmung eines relativ exakten CK-Wertes) und die Transport- und Lagerbedingungen für das entnommene Blut sind aus organisatorischen Gründen oft nicht optimal.

Die Bioresonanz

Eine alternative Methode zur Überprüfung der Mineralisierung kommt aus der Biophysik: die Mikronährstoff-Analyse mittels Bioresonanz. Hierzu wird das Pferd über eine spezielle Therapiedecke an ein medizinisch zugelassenes Bioresonanzsystem angeschlossen und anschließend analysiert.

Der große Vorteil liegt einerseits darin, dass das ganze Spektrum der Mikronährstoffe mit vertretbarem (und bezahlbarem) Aufwand erfasst wird.

Und es gibt noch einen zweiten Vorteil: Die infrage kommenden Mittel zur Behandlung des Pferdes können gleich getestet werden. Gerade dieser Schritt macht häufig den entscheidenden Unterschied. Denn die Qualität von Mikronährstoffen und vor allem Futtermitteln ist oft sehr unterschiedlich. Wenn wir beispielsweise bei einem Pferd einen Selen- und Eisenmangel ausgleichen möchten, wollen wir ihm diese beiden Mikronährstoffe in der bestmöglich verwertbaren Form geben. Und gleichzeitig wollen wir keine Substanzen zuführen, die dem Pferd wieder schaden. Das ist in der Praxis nicht so einfach, wie viele glauben.

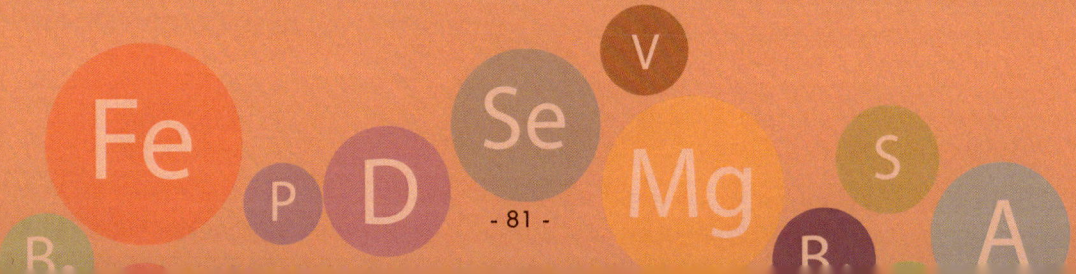

Die Zusammensetzung vieler Futtermittel und Nahrungsergänzungen – auch von namhaften Herstellern – lässt häufig zu wünschen übrig.

Darüber hinaus ist es auch wichtig darauf zu achten, dass sich verschiedene Produkte nicht gegenseitig in der Wirkung behindern oder diese gar aufheben.
Deshalb erfolgt eine Mikronährstoffanalyse auf Basis der Bioresonanz stets in 4-Schritten:

1. Die Analyse
Untersuchung des vollständigen Mikronährstoff-Haushaltes auf mögliche Mängel und Überschüsse.

2. Die Auswahl der Mikronährstoffprodukte
Auf Basis der festgestellten Ergebnisse wird das, bzw. werden die entsprechenden Produkte zur Beseitigung der Mängel und unterstützenden Ausleitung der Überschüsse gewählt.

3. Überprüfung der gewählten Mineralisierungsprodukte
Anschließend werden die gewählten Produkte auf der Bioresonanz auf individuelle Verträglichkeit geprüft. Produkte, die im konkreten Fall nicht optimal wirken, werden ersetzt.

4. Überprüfung der Produktkombination
Im letzten Schritt erfolgt – ebenfalls auf der Bioresonanz – die Überprüfung der ausgewählten Produkte untereinander. Werden hier unerwünschte Wechselwirkungen festgestellt, werden die Schritte 3 und 4 wiederholt, bis eine individuell optimale Kombination gefunden ist.

Wann sollte ich den Mikronährstoff-Haushalt meines Pferdes überprüfen?

Das ist natürlich eine spannende Frage: Wann und wie oft überprüfe ich die Mineralisierung meines Pferdes?

Die Antwort: Kommt darauf an...

Bei auftretenden Mangel- oder Fülle-Symptomen

Grundsätzlich empfehlen wir eine Analyse der Mineralisierung in jedem Fall, wenn Ihr Pferd konkrete Probleme hat, die einen Mangel oder einen Überschuss vermuten lassen. In diesen Fällen ist es ein essenzieller Schritt, um die wirkende Ursache zu finden.

Optimale Leistungsfähigkeit und Prävention

Es gibt darüber hinaus gute Gründe, die dafür sprechen, eine Analyse durchzuführen, auch wenn das Pferd (noch) keine Symptome hat. Denn eines ist sicher: Wenn Ihr Pferd gut gehalten wird, es gut mineralisiert, gut im Futter steht und frei von Erregern ist, wird es leistungsfähiger und weniger anfällig für Krankheiten sein.

Verbesserte Leistungsfähigkeit und Prävention gehen hier Hand in Hand.

Vor diesem Hintergrund empfehlen wir Haltern von Sportpferden, zumindest 2-mal im Jahr den Mikronährstoff-Haushalt zu überprüfen, um die Versorgung mit Mikronährstoffen fortlaufend zu optimieren — und so die optimale Leistungsfähigkeit sicher zu stellen.

Dem Freizeitreiter würden wir zu einer jährlichen Überprüfung der Mikronährstoffe raten, um Mängel und Ungleichgewichte in der Versorgung frühzeitig zu erkennen und Folgeerkrankungen zu vermeiden.

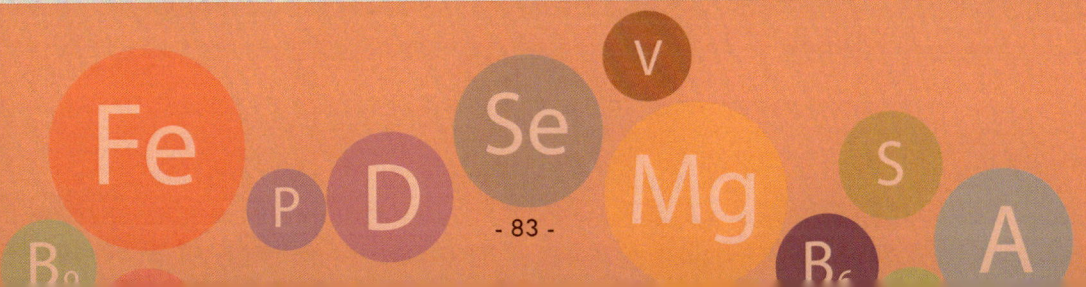

Exkurs: Organische und anorganische Mineralisierungsprodukte

Ein häufig diskutiertes Thema: Sind organische oder anorganische Nährstoffprodukte besser, bzw. wirksamer? Das Pferd braucht auf jeden Fall beides, zur Beantwortung dieser Frage muss ich allerdings ausholen.

Was sind eigentlich organische und anorganische Stoffe?

Alle unbelebten Stoffe in der Natur (die keinen Kohlenstoff enthalten) lassen sich den „anorganischen" Substanzen zuordnen, wohingegen belebte Stoffe den „organischen" Mineralien zugeordnet werden können, rein naturwissenschaftlich gesehen aber anorganisch sind. Auch in der Schulmedizin sind die Grenzen zwischen organischen und anorganischen Stoffen in letzten Jahrzehnten verschwommen.

Bleiben wir beim Beispiel Selen.

In der modernen Futtermittelindustrie wird wie folgt unterschieden:

1. Anorganisches Selen sprich chemisch hergestelltes Selen wäre z. B. Selenit und Selenat.
2. Organisches Selen, also etwa aus Pflanzen gewonnenes Selen, wäre z. B. Selenomethionin.

Mit diesen Informationen können Sie schon einmal das „Mineralfutter" Ihres Pferdes checken. Enthält es nun organisches oder anorganisches Selen? Oder beides?

Soll mein Mineralfutter organisch oder anorganisch sein?

Das kommt darauf an! Die Praxis zeigt: Um den Selenwert bei einem Mangel schnell und langfristig wieder nach oben zu bringen, braucht es idealerweise beides: anorganisches und organisches Selen über einen Zeitraum von ca. einem Jahr und jährliche Kontrollen. Hier wird natürlich das passende Präparat zuvor auf der Bioresonanz ausgetestet. Ich verwende hauptsächlich Präparate zur Mineralisierung, die nicht aus der Pferdefuttermittelindustrie stammen.

Essenzielle Spurenelemente

Exkurs: Selen

Ein Spurenelement, das in unseren Breitengraden eine große Rolle spielt, und in seiner Bedeutung häufig unterschätzt wird, ist das Selen.

Wir finden bei eher mageren Pferden mit struppigem Fell, das kahle Stellen und Scheuerstellen aufweist, Pferden mit wenig oder verfestigter, übersäuerter Muskulatur oder Jungpferden, die sich sehr langsam und schlecht entwickeln und eine schwach ausgeprägte Muskulatur mit instabilen Gelenken aufweisen, sehr häufig einen Mangel an Selen.

Junge Pferde, die schon im Mutterleib sprich seit Anbeginn ihrer Existenz einen Mangel an Selen aufweisen, haben oftmals schon sehr früh eine Neigung zu Arteriosklerose.

Auch alle anderen Pferde, die über Jahre hinweg an Selenmangel leiden können diese Krankheit entwickeln.

Pferde mit Selenmangel können apathisch, antriebslos und energiearm wirken. In extremen Fällen kann ein solcher Mangel über längere Zeit hinweg sogar zu kolik-ähnlichen Symptomen nach Belastung führen. Hier findet man dann einen so niedrigen Selenwert, dass man von einer Selenanämie sprechen kann.

Der niedrigste Selenwert, den ich je im Blut gemessen habe, war bei einer 4-jährigen Quarter Horse Stute16 µg/l bei einem ungefähren „Normalwert" von 50 - 150 µg/l.

Ob der Mangel an Selen durch die Überdüngung unserer Böden ausgelöst wird, lässt sich nicht genau sagen. Es finden sich auch in unseren Breitengraden alle Arten von Mikronährstoffmängeln in unterschiedlicher Ausprägung in den einzelnen Ställen.

Gerne steht der Selenmangel in Verbindung mit einem erhöhten Kupferwert. Kupfer steht in Zusammenhang mit Düngemitteln.

Vermutlich hängt der Mangel an Selen mit der Nährstoffzusammensetzung des Weidebodens und dem darauf wachsenden Futter zusammen. Dadurch sind entsprechende Mängel oft auch beim gesamten Bestand eines Stalls zu finden und beispielsweise sehr häufig in Bayern anzutreffen.

Selen ist wie alle anderen Spurenelemente (Eisen, Zink, Mangan, Molybdän) im Periodensystem angelegt. Jedoch sollte man beachten, dass Selen eine geringere Dichte aufweist als ein Schwermetall. Deshalb gehört Selen sogar zu den Halbmetallen. Seine maximale Dichte liegt bei 5 g/cm³, Quecksilber z. B. hat eine durchchnittliche Dicht von 10 g/cm³.

Was tue ich bei Selenmangel?
Ein hochdosiertes Präparat zufüttern (wichtig über einen Zeitraum von mindestens einem Jahr) oder zuführen lassen (in Form einer oder mehrerer Injektion/en).

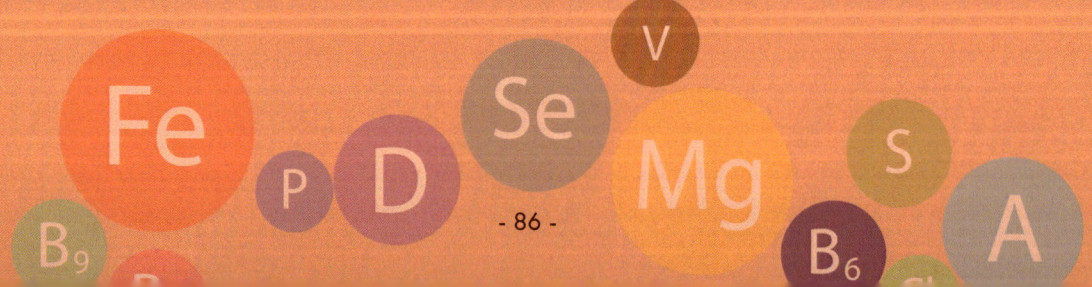

Exkurs: Eisenmangel

Jeder hat bestimmt schon einmal davon gehört, dass Menschen wegen Eisenmangels Tabletten einnehmen, aber der nachgewiesene Eisenwert im Blut entgegen den Erwartungen nicht steigt. Das kann beispielsweise daran liegen, dass es eine noch nicht erkannte wirkende Ursache für den Eisenmangel gibt (z. B. wenn der Patient eine Leberunterfunktion aufgrund von Übersäuerung und zuvielen Schadstoffen im Organismus hat). Ebenso ist es möglich, dass das verabreichte Eisenpräparat – das bei anderen Menschen hervorragend gewirkt hat – etwas enthält, das im konkreten Fall die Absorption von Eisen verhindert.

Eisen ist ein sehr wichtiges Spurenelement und ebenso lebensnotwendig wie alle anderen essentiellen Mineralien und Spurenelemente. Es muss dem Organismus zugeführt werden, da es vom Körper selbst nicht produziert werden kann. Resorptionsorte sind: der obere Dünndarmabschnitt (Duodenum und Jejunum). Speicherorgane sind Milz, Knochenmark und Leber, wo das den Eisenstoffwechsel regulierende Hormon Hepcidin produziert wird.

Eisen spielt eine zentrale Rolle bei allen Stoffwechselprozessen und ist neben vielen anderen Funktionen für den Sauerstofftransport im Blut zuständig. Jede Körperzelle braucht Eisen für ihren Energiehaushalt. Übersäuerung wirkt sich ebenfalls negativ auf den Sauerstofftransport im Blut aus. Im Umkehrschluss fördert mehr Sauerstoff im Blut die Leistungsfähigkeit.

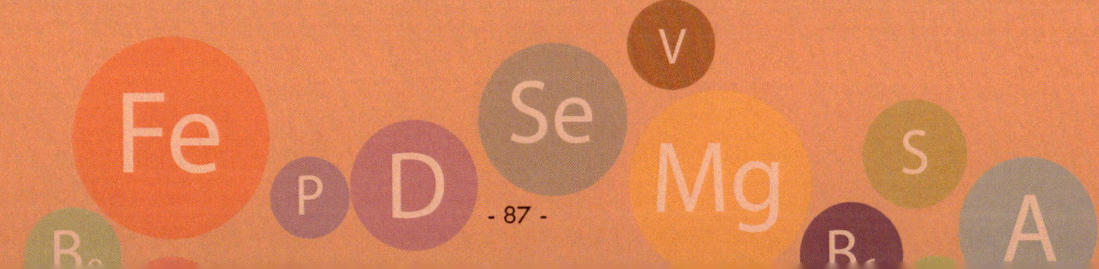

Wodurch kann ein Eisenmangel bei Ihrem Pferd entstehen?

Der Eisenmangel ist — sowohl beim Menschen wie auch beim Pferd — heutzutage durchaus häufig. Dazu gehören:

○ Eine Vergiftung, beispielsweise durch Metalle im Wasser, Pestizide oder Fungizide

○ Ein Parasitenbefall (der aufgrund der häufig unzureichenden Entwurmungskonzepte zunimmt)

○ Übersäuerung (durch Stress / Überforderung (in der Herde), schlechtes Futter, unzureichende Erholung, zu viel Zucker und Süßstoffe in Futtermitteln, etc.)

○ Eine Unterfunktion der Leber (durch Übersäuerung, Schlackenstoffe, Gifte, Schimmelpilze im Futter, etc. — besonders häufig bei Holzpferden zu finden)

○ Magen- und Darmgeschwüre (bedingt durch Fütterungs- und Haltungsbedingungen und/oder Parasiten)

○ Milz-Funktionsstörungen (besonders häufig bei Erdpferden)

○ Leber-Funktionsstörungen (durch Entzündungen, Degeneration oder Parasiten wie Leberegel oder Fuchsbandwurm)

○ Virale Erkrankungen

○ Und natürlich die besonderen Ausnahmesituationen:
Hoher Blutverlust durch eine Verletzung mit inneren Blutungen, z. B. nach einem Unfall, aber auch bei Magen- und Darmgeschwüren. Hier ist der Eisenmangel naturgemäß erst einmal nicht im Fokus. Dennoch ist es sehr wichtig diesen sobald wie möglich zu behandeln.

Symptome: Wie erkenne ich einen Eisenmangel bei meinem Pferd?

Es gibt eine ganze Reihe von Symptomen, die bei Eisenmangel auftreten. Natürlich können die meisten der Symptome verschiedene Ursachen haben. Dennoch sollten Sie bei den nachfolgenden Symptomen einen Eisenmangel zumindest überprüfen:

- ○ Ein nicht erklärbarer Leistungsabfall / Leistungsschwäche im Training
- ○ Ungewohnte Kreislaufprobleme, schlechter Allgemeinzustand auffällige Müdigkeit
- ○ Stumpfes, struppiges Fell
- ○ Gewichtsabnahme trotz ausreichendem und hochwertigem Futter in großer Menge
- ○ Blasse, schlecht durchblutete Schleimhäute

Exkurs: Zinkmangel

Auch der Zinkmangel tritt — beim Pferd, wie beim Menschen - durchaus häufig auf.

Das Problem: Der Zinkmangel ist fast immer eine Folge der (oft lang andauernden) Übersäuerung. Daraus resultiert das in diesem Buch immer wieder beleuchtete Grundproblem: Sie können den Zinkmangel meist nicht mit der zusätzlichen Gabe von Zink beheben. Dieser Versuch ist naheliegend, ignoriert aber wieder die wirkende Ursache und führt daher — auch im Fall des Zinks — nicht zum dauerhaften Erfolg.

Insofern gilt es auch beim Zink zuerst den Causa-Effekt zu berücksichtigen: Die wirkende Ursache. Und das ist im Falle des Zinks eben nicht (nur) der Mangel an Zink in der Nahrung, sondern vor allem die meist länger andauernde Übersäuerung. Diese führt übrigens mittelfristig nicht nur zum Mangel an Zink, sondern bei Nichtbeachtung langfristig zusätzlich zum Mangel an Vitamin A — aber das nur als Bemerkung am Rand.

Wenn Sie also bei Ihrem Pferd (oder bei sich selbst) einen Mangel an Zink feststellen, wird die zusätzliche Gabe von Zink in der Nahrung häufig nicht zum Erfolg führen. Um den Zinkmangel zu beheben, müssen Sie an der Ursache arbeiten: Der Übersäuerung. Und genauso verhält es sich beim Vitamin A - es muss die Übersäuerung und der Zinkmangel reguliert werden, dann erholt sich auch das Vitamin A wieder.

Der erste notwendige Schritt bei Zinkmangel (und in der Folge dem Vitamin A Mangel) ist also die Entsäuerung – auch hier wieder (wir können es nicht oft genug wiederholen) nach den Prinzipien des Equilibre:

> **Prinzip #1: Was zu viel ist, muss reduziert werden.**
> **Prinzip #2: Was fehlt, muss zugeführt werden.**
> **Prinzip #3: Was schadet, muss entfernt werden.**

Um das Prinzip #1 bei der Übersäuerung konsequent umzusetzen, empfehlen wir die konsequente Gabe von basischen Futtermitteln und -ergänzungen (z.B. Rayobase, Sana-Basenkonzentrat, etc.).

Zusätzliche Futtermittel, die vermehrt Zink enthalten, können natürlich zusätzlich gegeben werden. Wichtig ist nur das Verständnis, dass diese nur in Verbindung mit der Entsäuerung wirksam werden können. Oftmals ist keine Gabe von Zink mehr nötig, wenn der Säure-Basen-Haushalt wieder in Ordnung ist.

ERREGER

Das Haar in der Suppe

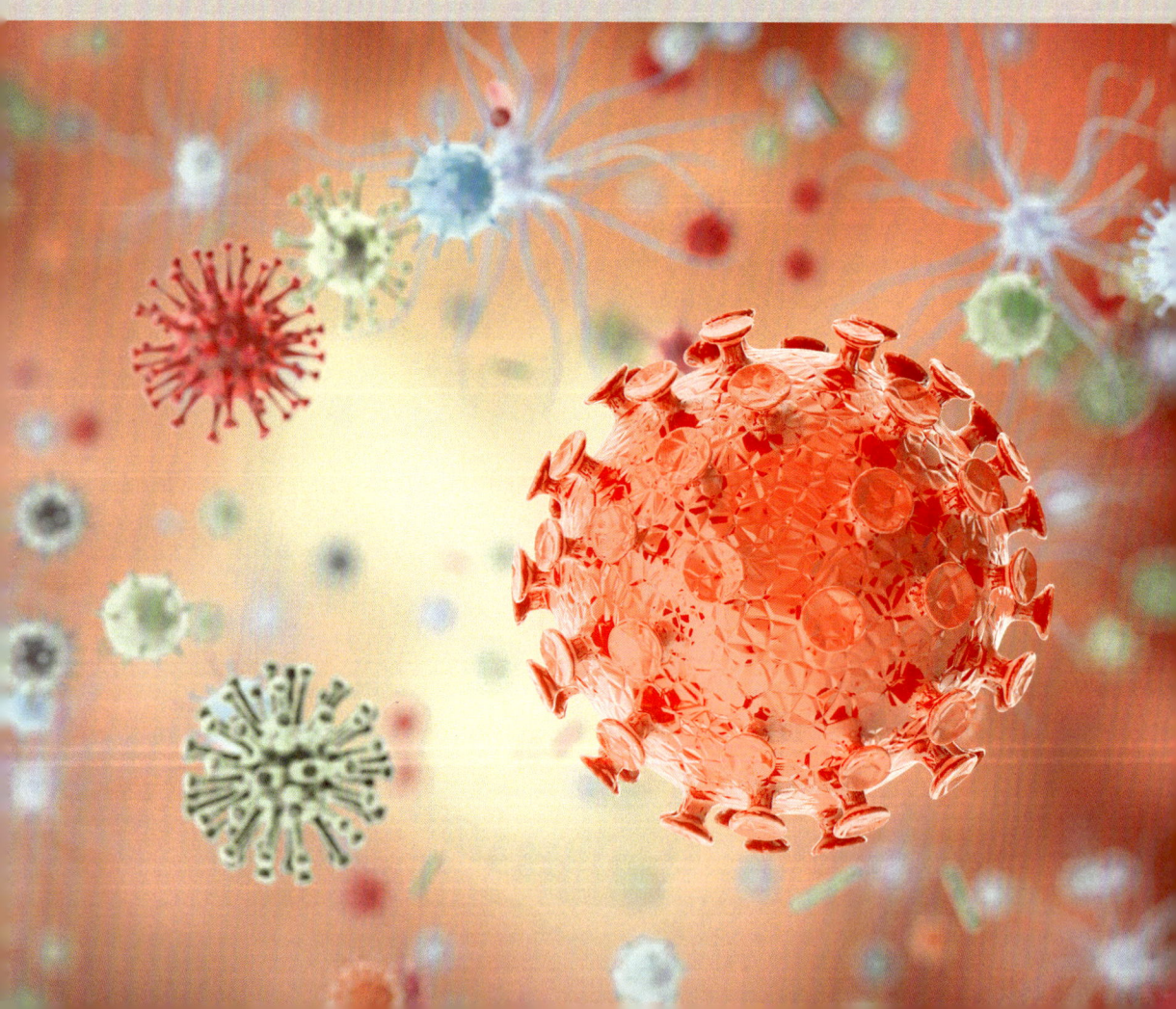

Das Haar in der Suppe: Bakterien, Viren, Parasiten und Pilze

Equilibre:

Prinzip #1: Was zu viel ist, muss reduziert werden.
Prinzip #2: Was fehlt, muss zugeführt werden.
Prinzip #3: Was schadet, muss entfernt werden.

Während wir uns im vorangegangenen Kapitel um die optimale Versorgung mit Mikronährstoffen gekümmert haben (die perfekte Lebenssuppe), haben wir dabei vor allem die ersten 2 Prinzipien des Equilibre beachtet.

In diesem Kapitel geht es nun um das berühmte Haar in der Suppe, das dort nicht hingehört und deshalb dauerhaft entfernt werden sollte. Damit sind wir beim Grundprinzip 3 von Equilibre:

Was schadet, muss entfernt werden.

Aber was ist nun das „Haar in der Suppe" wenn es um Ihr Pferd geht? Wie erkennen Sie Erreger, die nicht in den Körper Ihres Pferdes gehören? Und wie vermeiden und beseitigen Sie diese Erreger?

Die verschiedenen Erreger-Gruppen:
Parasiten, Viren, Bakterien und Pilze.

Es gibt verschiedene Gruppen von Erregern. Im Allgemeinen wird unterscheiden zwischen Parasiten, Viren, Bakterien und Pilzen:

Parasiten
Parasiten sind Lebewesen tierischer oder pflanzlicher Herkunft, die aus dem Zusammenleben mit anderen Lebewesen einseitig Nutzen ziehen, diese schädigen und entsprechend Krankheiten hervorrufen können.
Beispiele: Ancylostoma, Herzwurm, Lungenwurm, Fuchsbandwurm.

Viren
Viren sind infektiöse organische Strukturen, die sich als Virionen außerhalb von Zellen durch Übertragung verbreiten, aber sich als Viren nur innerhalb einer geeigneten Wirtszelle vermehren können. Viren haben keinen eigenen Stoffwechsel und gelten daher in der Definition nicht als Lebewesen.
Beispiele: Herpes simplex, Herpes zoster, Papilloma, Epstein-Barr, Adeno, Borna.

Bakterien
Bakterien sind mikroskopisch kleine Einzeller, die in der Natur vor allem für Fäulnis- und Gärungsprozesse verantwortlich sind, aber auch Verursacher von Krankheiten sein können. Sie vermehren sich durch Zellteilung, und können sich bei diesem Teilungsprozess auch verändern. Dadurch können sie beispielsweise leichter übertragbar oder gegen bestimmte Medikamente resistent werden.
Beispiele: Borrelien, Chlostriden, Salmonellen, Bazillen, Chlamydien.

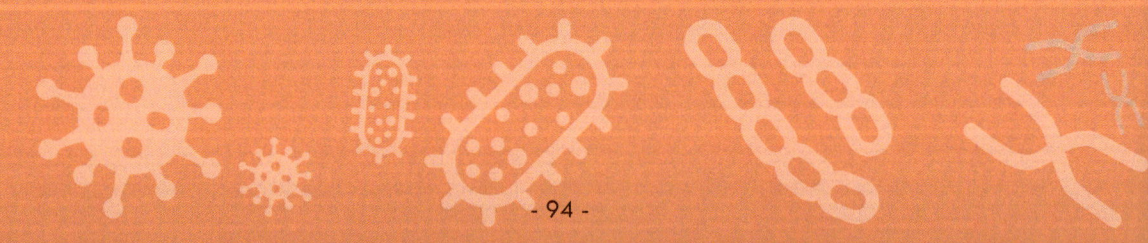

Pilze

Pilze können sowohl einzellig (z.B. Backhefe), als auch vielzellig (wie die bekannten Waldpilze) sein. Genau wie Bakterien sind Pilze zunächst nicht grundsätzlich schädlich, sondern für viele Prozesse lebenswichtig. Bestimmte Pilze können aber in der falschen Umgebung krankheitserregend sein.

Beispiele: Schimmelpilze (Aspergillus, Mucor, Penicillium u. a.), Mykotoxine (Schimmelpilzgifte), Candida albicans (Hefepilz).

Damit Sie sich ein objektives Bild über die verschiedenen Erreger und Ihre Auswirkungen machen können, stellen wir Ihnen auf den folgenden Seiten die bei Pferden am häufigsten gefundenen Erreger und deren Auswirkungen im Pferdekörper vor. Bitte auch hier zu beachten: Die meisten Erreger periszieren im Organismus und werden von einem guten Immunsystem in Schach gehalten.

Das heißt, sie kommen im „gesunden Zustand" nicht mit ihren hochakuten Symptomen zum Vorschein, sondern verlaufen eher sekundär und fallen in Symptomkomplexe wie allgemeine Abgeschlagenheit.

Bei Pferden häufig auftretende Parasiten.

Hier möchte ich auf die Parasiten eingehen, die wir gehäuft bei Pferden finden.

1. Ancylostoma

Dies sind Hakenwürmer, die hauptsächlich bei Hunden und Katzen vorkommen und dennoch auch unter den Pferden weit verbreitet sind. Sie besiedeln als Parasiten den Darm. Bei Tieren kann die Infektion über die Muttermilch erfolgen. Die Infektion ist auch für den Menschen möglich! Symptome sind: Gewichtsverlust, Durchfälle, Kotwasser, Atemwegserkrankungen, Anämie, Haut- und Fellveränderungen.

2. Herzwurm

Dies ist ein Fadenwurm, der als Erreger der Herzwurmerkrankung des Hundes bekannt ist. Offiziell wird die infektiöse Drittlarve über Stechmücken übertragen. Aus der Larve entwickelt sich der Herzwurm. Dennoch findet sich dieser Parasit nicht selten auch in unseren Pferden. Leider kann der Herzwurm mit den gängigen Wurmpräparaten nur im Frühstadium abgetöt werden. Symptome sind: massiver oft plötzlicher Konditions- und Leistungsabfall, Herzprobleme.

3. Lungenwurm

Hier handelt es sich um einen Saugwurm, der als Parasit Menschen und Säugetiere befällt. Der Erreger verkapselt sich häufig in der Lunge. Sollte ein Pferd husten und gleichzeitig Würmer über den Kot ausscheiden, dann sollte unbedingt an Lungenwürmer gedacht werden. Symptome sind: Fieber, Husten, Magen-Darm-Beschwerden, Abszesse in Bauch- und Brusthöhle. Findet eine Abwanderung des Parasiten in das Gehirn statt, dann kann dies zu epileptischen Anfällen, Enzephalitis und Lähmungen führen.

4. Fuchsbandwurm

Ist ein Bandwurm, dessen Infektion über die Aufnahme der Eier erfolgt. Als Zwischenwirte dienen Säugetiere wie Nagetiere und Wühlmäuse. Dieser Parasit bildet in Lunge und Leber aus seinen Eiern flüssigkeitsgefüllte, größere Blasen/Zysten. Diese Zysten vermehren sich in Lunge und Leber bis sie zu Symptomen führen wie: Husten, Leistungsabfall, Leberfunktionsstörungen und aufgeblähter Bauchraum bei dem die Rippen zu sehen sind.

Ein längerer, nicht konsequent behandelter Parasitenbefall kann weitreichende Konsequenzen haben:

Koliken nach der Entwurmung

Diese Koliken sind meist ein deutliches Zeichen für einen starken, schon länger bestehenden Parasitenbefall. In einem solchen Fall sollte schnellstmöglich der bisherige Entwurmungsplan überarbeitet werden plus eine pflanzliche Entwurmung sowie eine Darmsanierung erfolgen.

Neigung zu „chronischen" Koliken

Auch dies ist ein deutliches Indiz für einen schon länger andauernden massiven Parasitenbefall. Auch hier gilt: Entwurmungskonzept grundlegend ändern, pflanzliche Entwurmung ergänzen und den Darm Schritt für Schritt sanieren.

EMS – Equines Metabolisches Syndrom

Das Equine Metabolische Syndrom ist natürlich nur eine Bündelung von Symptomen – allen voran Übergewicht und Bewegungsmangel. Parasiten belasten aber bei diesen Pferden oft zusätzlich die Entgiftungsorgane Niere, Leber und Lymphe. Sind diese Strukturen nur vermindert leistungsfähig, beeinflusst das über kurz oder lang den Stoffwechsel und verschlimmert die Symptomatik dadurch nochmals.

Ein längerer, nicht konsequent behandelter Parasitenbefall kann weitreichende Konsequenzen haben:

Morbus Cushing
Vermehrte Stimulation der Nebennierenrinde - auch hier kann ein permanent erhöhter Wurmbefall die Krankheit begünstigen.

Hufrehe
Leber- und/oder Nierenüberlastung, daraus folgen die Lymphe und dann der Stoffwechsel. Hier gilt das gleiche wie bei M. Cushing.

Der Notfall
Im fortgeschrittenen Stadium und bei massivem Befall sind unter Umständen die Würmer im Kot mit bloßem Auge zu erkennen. In diesem Fall ist sofortiges Handeln erforderlich.

Bei Pferden häufig auftretende Bakterien.

Hier möchte ich auf die Bakterien eingehen, die wir gehäuft bei Pferden finden und die starke Symptomkomplexe auslösen können.

1. Borrelien
Die häufigste in Europa vorkommende Borrelienart ist die Borrelia burgdorferi. Durch dieses Bakterium wird die Lyme-Borreliose ausgelöst. Die Übertragung erfolgt hauptsächlich über Zecken. Mittlerweile wurden weitere Borrelienerreger gefunden wie z. B. Borrelia afzelli, Borrelia duttoni, Borrelia garinii und Borrelia hermsii.

Auch hier muss die Infektion nicht immer hochakut verlaufen, wie wir das vom Menschen kennen. Sie äußert sich etwa durch unerklärliche Lahmheit, speziell bei Jungpferden. Die Probleme beginnen hier meist schon beim Einreiten.

Der eher unscheinbare Verlauf, zeigt sich anhand häufig wechselnder Lahmheiten, die kurzzeitig auch sehr stark sein können, und/ oder heiße Gelenke hervorrufen können. Diese Symptome verschwinden meist von selbst wieder und kehren nach einiger Zeit erneut zurück. Sie können natürlich auch bei Pferden jeden Alters auftauchen.
Borrelien finden sich oft auch in Zusammenhang mit Hufrehe/M. Cushing und anderen Stoffwechselerkrankungen.

2. Chlostriden

Kommen überall vor, insbesondere in Böden und im Verdauungstrakt. Durch ihre Toxine können sie im allerschlimmsten Fall Infektionskrankheiten wie Botulismus, Gasbrand oder Wundstarrkrampf (Tetanus) auslösen. In Kombination mit akutem Parasitenbefall zeigen sich bei Pferden sehr häufig Symptome wie Kotwasser und Durchfall.

3. Salmonellen (Salmonellose) - EHEC - E. coli

Dieses Bakterium kommt weltweit in kalt- und warmblütigen Tieren, Menschen und Lebensräumen außerhalb von Lebewesen vor. Man spricht auch von Salmonella enteritidis, typhi und paratyphi. Darunter versteht man eine systemische (mehrere Organe betroffende) Erkrankung mit ausgeprägter Darmbeteiligung.

Bei Pferden findet man sie kaum hochakut wie beim Menschen, sondern häufig in Form von spritzendem Kotwasser in Kombination mit dem EHEC-Erreger der Escherichia-coli-Enteritis. Hier handelt es sich um humanpathogene Stämme des Darmbakteriums Escherichia coli.

4. Bazillen

Bazillen findet man in ihrem natürlichen Lebensraum, dem Erdboden. Sie können über Futter und auch aerosol aufgenommen werden. Diese stäbchenförmigen Bakterien sind weit verbreitet bei den Vielreisern unter den Vierbeinern (Rennpferde, Wanderreitpferde, Turnierpferde usw.) Sie stehen bei Pferden auch in enger Verbindung zu einem schwachen Immunsystem oder dem Erkrankungsbild der Druse, deren klassischer Erreger der Streptococcus equi ist.

5. Chlamydien

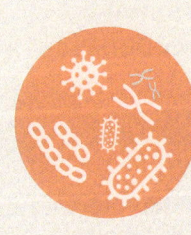

Dieses Bakterium ist sexuell übertragbar und ruft eine Erkrankung des Urogenitaltrakts hervor, die bei Frauen zu zwei Dritteln unentdeckt bleibt, da sie meist symptomlos oder nur schwach symptomatisch und darüber hinaus in Phasen auftritt. Bei Männern hingegen kann es eine Entzündung der Harnröhre mit klarem Ausfluss verursachen. Infiziert sich ein Pferd mit Chlamydien, sind die wenig bekannten möglichen Symptome: Bindehautentzündung, Gelenkprobleme, Harnwegsinfekte und Atemwegserkrankungen.

Bei Pferden häufig auftretende Viren.

Hier möchte ich auf die Viren eingehen, die ich gehäuft bei Pferden antreffe und die starke Symptomkomplexe verursachen können.

1. Herpes simplex - Herpes simplex (feline) - Herpes zoster

Herpes-Viren sind weltweit verbreitet. Der Virus wird durch Speichelkontakt und Schmierinfektion übertragen. Bei Menschen ist der Herpes simplex weltweit am weitesten verbreitet. Beim Pferd hingegen finden wir ihn nicht so oft wie vielleicht erwartet. Wir finden immer wieder Träger, die jedoch meist unauffällig sind. Sollten Sie jedoch Symptome wie Neuralgien, schwaches Immunsystem und Probleme mit dem Bewegungsapparat beobachten, sollte das Pferd auf eine mögliche Herpeserkrankung untersucht werden.

2. Papilloma

Papilloma, verursacht Warzenbildung im Organismus und auf der Haut. Hier gibt es 2 häufige Ausprägungen:

Aurale Plaque

Das sind kleine, rosa bis grau-weiß erscheinende, meist flache Warzen oder Knötchen in den Ohren, die oft mit einem Hautpilz verwechselt werden.
Die Behandlung erfordert die Gabe von Papilloma Nosode und äußerlich sollte die weiße Plaque täglich mit Thuja externa bestrichen werden.

Das Sarkoid - bitte nicht verwechseln mit dem Melanom*

Wird ebenfalls durch den Papilloma-Virus ausgelöst und daher auch genauso behandelt: natürlich auf Basis des Equilibre-Systems.

2. Epstein-Barr: Erreger des Pfeiffer`schen Drüsenfiebers

Die Infektion, hauptsächlich über Tröpfchen, Speichel und andere Sekrete erfolgt, führt zu folgenden Begleitsymptomen: schlechter Allgemeinzustand, ständige Müdig- und Antriebslosigkeit, Lymphknotenschwellung und Fieber.

Melanome sind tumoröse Melanozyten die übermäßig wuchern. Melanozyten-Zellen bilden Melanin (Hautpigment), dadurch entsteht die Schwarzfärbung des Tumores und seines Inhaltes. Besonders betroffen sind Schimmel - gerne beginnt das Melanom im Genitalbereich, an der Schweifrübe und um die Augen zu wachsen.

3. Adeno

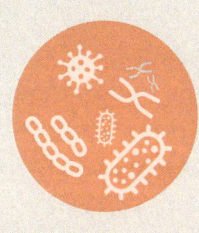

Dieser Erreger kann zahlreiche Erkrankungen verursachen. Bei Infektionen mit dem Adenovirus (Zwingerhusten) ist insbesondere der Respirationstrakt betroffen. Neben den akuten aber auch chronischen Atemwegserkrankungen kann es auch zu Infektionen der Augen und Durchfällen mit Kotwasser kommen.

4. Borna

Die Borna-Krankheit äußert sich bei Einhufern durch ansteckende Gehirn- und Rückenmarksentzündungen. Bei einer Infektion werden in der Hauptsache das Gehirn, das Nervensystem und das Rückenmark befallen. Meist leben die Pferde mit dem Erreger schon seit Anbeginn ihres Lebens, der Erreger wird nämlich bereits im Mutterleib übertragen. Insbesondere Pferde, die ursprünglich aus Amerika oder Spanien stammen, tragen ihn in sich.

Bei Pferden häufig auftretende Pilze.

1. Schimmelpilze (Aspergillus, Mucor, Penicillium u. a.)

Schimmelpilze kommen in der Umwelt fast überall vor. In der Regel sind die Sporen in der Luft und im Futter zu finden. Treten Schimmelpilzsporen in größeren Mengen auf, z. B. in den Atemwegen, dann können sie zu Allergien führen. Oder anders ausgedrückt: Fast jede Atemwegsallergie geht mit Schimmelpilzen einher. Bei Pferden mit geschwächtem Immunsystem (oder wurde das Immunsystem durch die Schimmelpilz-Belastung ausgelöst?) können Schimmelsporen weitere schwere Erkrankungen hervorrufen.
BEACHTEN SIE, dass Schimmelpilze in Futtermitteln im Verdauungstrakt mit Zucker und Süßstoff reagieren.

2. Mykotoxine -> Schimmelpilzgifte

Die Mykotoxine werden unter bestimmten Bedingungen wie Raumtemperatur, Feuchtigkeitsgrad etc. gebildet. Sie können Symptome wie Gliederschmerzen, Schleimhautreizungen, Entzündungen und eine erhöhte Anfälligkeit für Infekte hervorrufen.

3. Candida albicans - ein Hefepilz

Der Candida albicans gilt als häufigster Erreger der Candidose und befindet sich hauptsächlich auf den Schleimhäuten von Mund und Rachen, im Genitalbereich sowie dem Verdauungstrakt und kann sich im Strahl des Hufes ansiedeln. Meist verläuft eine Infektion asymptomatisch. Jedoch kann er dauerhaft dazu beitragen, dass das Immunsystem geschwächt wird und auch andere Erkrankungen ihren Platz finden.

Bei Symptomen wie Kotwasser und Durchfall ist oft eine Candida-Infektion im Spiel. In Kombination mit schimmeligem Futter und Parasitenbefall kann das einen bösen Cocktail ergeben, der meist noch mit einem Hautpilz einhergeht.

Meist ist bei einem Pferd mit den Symptomen eines Hautpilzes auch der Darm mit Candida und Parasiten befallen. Man therapiert diesen Hautpilz mit einer Eigenblutbehandlung, um das Immunsystem zu stärken. Die wirkenden Ursachen sind jedoch Parasiten- und Candidabefall.

Kein Lebewesen braucht Parasiten, Viren, Bakterien und Pilze.

Sie haben jetzt einen Überblick über die häufigsten Erreger in der Welt unserer Pferde bekommen.

Um es nochmals deutlich zu sagen: Kein Lebewesen braucht Erreger wie Parasiten, Viren, Bakterien und Pilze. Weder Mensch noch Pferd.

Es gilt also, diese Erreger - das Haar in der Suppe - soweit wie möglich zu vermeiden.

Und dort wo das nicht gelingt, ist es wichtig, den Erreger so schnell wie möglich - dauerhaft - loszuwerden.

Prävention zuerst: Vorbeugen statt Behandeln.
Auch wenn wir gerne den Befall mit Erregern vermeiden möchten: Der Alltag unserer Pferde sieht oft anders aus.

Bei uns stehen häufig Pferde unterschiedlichster Rasse und Herkunft gemeinsam auf (meist nicht allzu großen) Koppeln. Es kommt immer wieder zu Wechseln, Neuzugängen und der Durchmischung mit anderen Herden.

Man kann diese Situation mit dem Wartebereich eines internationalen Flughafens oder einer Messe vergleichen — optimale Bedingungen für die Verbreitung verschiedenster Erreger.

5 Maßnahmen, um das Risiko durch Erreger zu minimieren:

Maßnahme 1: GROSSE KOPPELN
Natürlich ist dieses Ziel in der Praxis in der Regel nur eingeschränkt umsetzbar - die Koppelflächen sind bei fast allen Reitställen limitiert. Aber wenn es um die Reduzierung des Risikos durch Erreger geht, dann gilt: Je größer die Koppeln, desto besser. Und je weniger Pferde auf einer Koppel stehen, desto besser.

Maßnahme 2: KONSEQUENTES TÄGLICHES ABMISTEN
Auch diesen Punkt werden viele nicht gerne lesen. Aber eine konsequente Hygiene und damit das tägliche Abmisten der Koppel, Boxen und Paddocks ist eine der wichtigsten Maßnahmen, um die Ausbreitung von Erregern einzudämmen.

Maßnahme 3: REGELMÄSSIGER WECHSEL DER KOPPELN
Wenn Sie die Möglichkeit haben: Lassen Sie Ihre Pferde nicht immer auf derselben Koppel stehen. Wechseln sie die Koppeln in regelmäßigen Abständen (z. B. alle 6 Wochen) um diesen anschließend (natürlich nach dem vollständigen Abmisten) eine Erholungszeit zu geben.

Maßnahme 4: GLEICH BLEIBENDE HERDEN
Je weniger Wechsel sie in einer Herde haben, je weniger Besucher zu Ihrer Herde kommen und je seltener die Pferde reisen und mit anderen Pferden in Kontakt kommen, desto besser steht es um das Erreger-Risiko.

Maßnahme 5: KONSEQUENTES ENTWURMEN
Insbesondere, wenn die ersten 4 Maßnahmen nicht konsequent umgesetzt werden wird die regelmäßige und strikte Wurmkur immer wichtiger. Zu diesem Thema finden Sie auf den folgenden Seiten noch ein paar Details.

Exkurs: Wie entwurme ich richtig?

Die Entwurmung von Pferden ist häufig von ideologischen Bildern geprägt. Gespräche über das bestmögliche Entwurmungskonzept werden schnell emotional. Eine nüchterne und sachliche Analyse der Fakten und vor allem der Situation des Pferdes tritt dadurch allzu häufig in den Hintergrund.

Ein Ergebnis, das wir dadurch in der Praxis immer häufiger antreffen: Ein Pferd, das massiv von Parasiten befallen ist, und ein Besitzer, der dies aus verschiedenen Gründen zunächst nicht wahrhaben möchte.

Keine Wurmkur ist so schädlich wie ein Wurmbefall!
Durch die Beschreibung der häufigsten Parasiten konnten Sie bereits erkennen, wie gefährlich ein Wurmbefall für Ihr Pferd werden kann. Und leider sind viele durch Parasiten hervorgerufene Schäden an den Organen nicht wieder gut zu machen.

Nach Jahrzehnten therapeutischer Praxis und der Beobachtung der (teilweise verheerenden) Ergebnisse verschiedener Entwurmungskonzepte – von der selektiven bis zur natürlichen Entwurmung – sind wir letztlich zu einem eindeutigen Ergebnis gekommen: Im Sinne der Pferde ist konsequentes, 4-maliges Entwurmen im Jahr das Konzept mit den besten Ergebnissen:

November bis spätestens 6. Dezember (Nikolaus):
Große Wurmkur (z. B. mit den Wirkstoffen Ivermectin® mit Praziquantel®).
Februar:
Zum Beispiel mit dem Wirkstoff Moxidectin®
Mai:
Zum Beispiel mit dem Wirkstoff Ivermectin®
August:
Zum Beispiel mit dem Wirkstoff Moxidectin®

Sie wundern sich vielleicht, weshalb wir sogar konkrete Wirkstoffe für die Entwurmung empfehlen. Natürlich gibt es immer mehr Resistenzen und die obige Empfehlung kann sich im Lauf der Jahre wieder ändern.

Dennoch haben sich nach unserer Erfahrung Ivermectin® und Moxidectin® am besten bewährt. Und unser Problem in der Praxis sind nicht die Resistenzen, sondern Pferdebesitzer die zu selten und mit nicht wirksamen Wirkstoffen entwurmen – und dadurch den gesamten Bestand in einem Stall gefährden.

Natürliche Entwurmung:
Es spricht nichts dagegen, ergänzend zur Wurmkur zusätzlich natürliche Antiparasitenwirkstoffe einzusetzen (wie Grapefruitkernextrakt, Kamala (roter Färberhanf) oder die chinesische Zimtrinde).

Begleitende Entgiftung zur Wurmkur:
Auch wenn wir Befürworter einer konsequenten und wirksamen Entwurmung sind, bleibt unbestritten, dass eine Wurmkur Nebenwirkungen haben kann.

Daher empfehlen wir nach der Gabe einer Wurmkur auch eine begleitende Entgiftung und Entsäuerung, einerseits um dem Körper zu helfen, die schädlichen Inhaltsstoffe der Wurmkur abzubauen, aber auch um den Abbau und die Ausscheidung der Parasiten zu erleichtern.

Mein Pferd verträgt die Wurmkur nicht!

Ein weiteres häufiges Missverständnis: Bekommt ein Pferd nach der Gabe einer Wurmkur eine Kolik, sollte man sehr intensiv nach der wirkenden Ursache suchen. In den meisten Fällen ist nicht die Wurmkur selbst die wirkende Ursache, sondern nur ein Auslöser.

Man kann in solchen Fällen fast immer von einem massiven Parasitenbefall im Magen-Darm-Trakt ausgehen. Der Organismus des Pferdes kann den Abbau und die dadurch entstehende hohe Anzahl an toxischen Stoffen nicht mehr bewältigen. Ebenso kann die bereits verletzte und geschwächte Magen- und Darmschleimhaut beim Abtransport der Schadstoffe nicht mehr behilflich sein. Die Kolik ist das Ergebnis am Ende dieser Wirkungskette. Natürlich hat gerade in diesen Fällen die weitere konsequente Entwurmung des Pferdes oberste Priorität, um ein Fortschreiten zu verhindern. Leider passiert gerade in diesen Fällen oft das genaue Gegenteil: Der Besitzer vermutet die Wurmkur als wirkende Ursache und verweigert dem Pferd weitere Hilfen durch die Fortsetzung der Entwurmung — aus Angst vor einer erneuten Kolik.

Auch wenn Sie die „BIG 5" – also die 5 entscheidenden Maßnahmen zur Vermeidung eines Erregerbefalls – konsequent beachten, kann es dennoch vorkommen, dass Ihr Pferd ein „Haar in die Suppe", also einen Erreger in den Körper bekommt – sei es ein Parasit, ein Virus, ein Bakterium oder ein Pilz.

Wie erkenne ich, dass mein Pferd mit Erregern befallen ist?

1. Kann bei jeder Art von akuter oder chronischer Erkrankung vorkommen.
2. Kann bei jeglicher Art von Symptom vorkommen, das keine erkennbare Ursache hat.

Therapieansätze gegen Erreger:

Es gibt verschiedene Möglichkeiten in der Erregerbehandlung:

1. Man geht gegen den Erreger direkt vor z. B. mit einer Borellien-Nosode der entsprechende Erreger aufpotenziert - „Gleiches wird durch Gleiches geheilt." Samuel Hahnemann
2. Man stärkt das Millieu in dem sich die Erreger befinden und macht dadurch dem Erreger das Leben dort unangenehm. Man entzieht ihm sozusagen seinen Nährboden.

Diese beiden Therapieansätze können einzeln und in Kombination angewendet werden. Die Therapieform 1 kann am besten mit Nosoden erfolgen. Bei der Therapie 2 muss die geschwächte Struktur wieder gestärkt werden z. B. zusätzlich zur Akupunktur funktionskreisstärkende Mittel oder entlastende Kräuter geben. Unter anderem hat die Phytotherapie und Homöopathie unzählige Mittel, die bestimmte Organstrukturen stärken und/oder entlasten.

TELLER & BESTECK

Hufe, Zähne, Sattel

Teller & Besteck: Hufe, Zähne und Sattel

Als Pferdebesitzer sind Sie für zahlreiche Details verantwortlich, die Einfluss auf die Gesundheit Ihres Pferdes haben.

Sie sind der Koch der Suppe...
Viele entscheidende Faktoren beeinflussen sie selbst: Die Bewegung, das Training, die Haltung und die Gabe von Futtermitteln und Nahrungsergänzungsmitteln. Diese Entscheidungen haben Sie selbst in der Hand.

Natürlich stimmen Sie sich mit Ihrem Stallbetreiber, Ihrem Pferdetherapeuten, Ihrem Tierarzt und anderen Spezialisten ab. Sie holen sich Tipps, wägen ab, lernen Neues dazu – und sie lesen dieses Buch. So wie Sie bei einer Suppe ein Rezept lesen, den Erfahrungen anderer zuhören oder sich Tipps aus einer der vielen Kochshows im Fernsehen holen.

Teller und Besteck: Die macht ein Anderer.
Und dann gibt es die Themen, bei denen Sie sich auf Andere verlassen müssen. So wie sie Teller und Besteck nicht selbst herstellen. Sie kaufen diese von jemandem, um ihre Suppe bestmöglich zu servieren. Und sie vertrauen darauf, dass Ihr Lieferant weiß, wie man gute Teller und einwandfreies Besteck herstellt. Denn ihr Lieferant ist ja der Experte.

Sie sehen sich natürlich die Teller und das Besteck an. Sie achten darauf, ob es ihnen gefällt und ob es zu Ihrer Suppe und Ihren Gästen passt.

Gleichzeitig verlassen Sie sich darauf, dass diese Dinge bestmöglich hergestellt werden. Sie gehen davon aus, dass Ihr Lieferant sich intensiv damit beschäftigt wie man Teller und Besteck herstellt – sich also Verfahren zur Herstellung ansieht und das Beste auswählt, sich damit beschäftigt, was Kunden benötigen, um mit Teller und Besteck gut umzugehen um Ihnen so ein optimales Produkt zu liefern.

Es gibt drei wesentliche Leistungen und Produkte, die Sie für Ihr Pferd kaufen und die wesentlichen Einfluss auf die Gesundheit haben: Hufe, Zähne und Sattel.

Über jedes dieser drei Themen sind bereits viele wissenschaftliche Studien gemacht worden. Es wurden Bücher geschrieben und es gibt zahlreiche Vorträge von Experten und Fort-, bzw. Ausbildungen im jeweiligen Fachgebiet. Der Versuch, diese drei Themen im Rahmen der ursachenorientierten Behandlung von Pferden umfassend zu behandeln, würde daher den Rahmen dieses Buches sprengen.

Hinzu kommt, dass es bei Sätteln, aber auch bei Hufen und Zähnen verschiedenste Konzepte gibt – was grundsätzlich gut ist, Vielfalt bereichert das Ergebnis letztlich immer.

Problematisch wird es, wenn unterschiedliche Konzepte nicht sachlich und mit dem Blick auf das Pferd verglichen werden, sondern Ideologien und Emotionen ins Spiel kommen. Genau das ist bei den genannten Themen – Hufe, Zähne und Sattel – häufig der Fall.

Beispiel Hufbeschlag: Nicht immer wird der beste Weg beschritten.
Beispielsweise ist ein Pferd in der Natur „barfuß". Wildpferde tragen keine Eisen. Gleichzeitig gibt es gute Gründe unseren Pferden einen Hufbeschlag zu geben: Unsere heutigen Reitgebiete sind häufig im Vergleich zu natürlichen Flächen hart. Unsere Haltungsformen verlangen nach einer Unterstützung der Hufe, und für den Turniersport bringen bestimmte Beschläge im Wettkampf bessere Ergebnisse.

Für dieses Spektrum an Bedürfnissen gibt es unterschiedlichste Konzepte und Beschläge: Von der Hufbearbeitung und dem Hufschuh zur Unterstützung des Barfusslaufens über Kunststoff-Eisen-Kombinationsbeschläge (so genannte Duplos), die die natürliche Bewegung des Pferdes unterstützen bis hin zum Eisenbeschlag in den verschiedensten Variationen.

Im Sinne unserer Pferde sollten wir unsere Ziele analysieren, den aktuellen Status des Pferdes und seiner Hufe bestimmen und dann entscheiden, welche Hufbehandlung und welcher Beschlag optimal ist.

In der Praxis ist diese Entscheidung dagegen meist vorbestimmt: Es kommt nur ein bestimmter Eisenbeschlag in Frage, die Entscheidung erscheint alternativlos. Andere Möglichkeiten werden gar nicht in Betracht gezogen, unabhängig von der Frage, was das in der Konsequenz für das Pferd bedeutet.

Ähnlich wie bei der Frage der Hufbehandlung und des Beschlages verhält es sich beim Sattel und bei den Zähnen. Auch hier werden bei Entscheidungen häufig nicht Ziele und der Status des Pferdes in deren Sinn abgewägt. Es wird ausschließlich emotional und auf Basis von Philosophien entschieden, das Pferd selbst spielt dabei keine Rolle.

Dadurch sind Hufe, Zähne und Sattel bei vielen Symptomen und Krankheitsbildern wesentlicher Teil der wirkenden Ursache.

Um das zu vermeiden, müssen Sie sich bei der Entscheidung für die optimale Huf- und Zahnbehandlung, wie auch der Entscheidung für einen Sattel stets folgende Fragen stellen:

Ziele:
Was will ich mit meinem Pferd erreichen? Geht es mir darum in meiner Freizeit gemeinsam mit meinem Pferd Spaß zu haben oder möchte ich bestimmte Wettkampfziele erreichen und beispielsweise im Turniersport erfolgreich sein?

Mein Pferd:

Wie geht es meinem Pferd mit dem aktuellen Huf- und Zahnstatus? Passt der aktuelle Sattel zu meinem Pferd? Unterstützt er die natürliche Biomechanik meines Pferdes beim Reiten? Geht es meinem Pferd gut? Gibt es Themen in Bezug auf Hufe, Zähne oder Sattel, die wir aktuell bearbeiten müssen? Wo steht mein Pferd, und wohin möchte ich mich gemeinsam mit meinem Partner Pferd entwickeln? Was benötigen wir dazu?

_____

_____

_____

_____

Beantworten Sie diese Fragen offen – denn sie sind die Basis für alle weiteren Schritte. Sobald Sie sich über Ihre Ziele und den aktuellen Status objektiv klar sind, können Sie entscheiden, was Sie aktuell suchen und benötigen. Und auf dieser Basis können Sie dann entscheiden, ob ein Hufschmied, ein Zahnbehandler oder ein Sattel-Spezialist wirklich zu Ihnen passt.

KRANKHEITSBILDER

und deren wirkende Ursache in der Praxis

Die „Heustauballergie"

In der therapeutischen Praxis treffe ich immer wieder auf Pferde, die eine Erkrankung der Atemwege aufweisen. Die erkrankten Tiere leiden meist an Husten, teilweise begleitet von Verdauungsproblemen und/oder Kotwasser.

Die Pferdebesitzer vermuten bei diesen Pferden häufig eine so genannte Heustauballergie. Oft haben sie auch eine entsprechende Diagnose erhalten.

Die am häufigsten empfohlene Maßnahme ist in diesem Fall die Anfeuchtung des Heus vor der Fütterung, da dies den als Auslöser vermuteten Heustaub reduziert. Diese Methode verbessert die Situation zwar meist, löst jedoch nicht das Problem.

Doch warum ist das so?

Grundsätzlich gilt: Bei allen Erkrankungen der Atemwege sollte im ersten Schritt ein Allergietest erfolgen (vor allem auf Gräser, Getreide usw.). Wenn eine Diagnose wie die „Heustauballergie" tatsächlich die Ursache für die gefundenen Symptome ist, müsste eine solche Allergie über einen Allergietest nachweisbar sein.

Klassischerweise wird ein solcher Allergietest auf Basis einer Blutentnahme in einem entsprechenden Labor durchgeführt. Nach meinen Erfahrungen belegt ein solcher Test aber nur in den allerwenigsten Fällen die vermutete Allergie. Meist bleibt der Allergietest ohne Befund.

ALLERGIE

Auch die entsprechenden Tests mit der Bioresonanz-Methode ergeben in der Regel keinen nennenswerten Hinweis auf eine Gräser- oder Staub-Allergie.

Führen wir bei diesen Pferden dann im zweiten Schritt eine vollständige Bioresonanz-Analyse durch, findet sich sehr häufig eine vermehrte Schimmelpilzbelastung, vor allem im Bereich der Lunge und im Verdauungstrakt. Diese Schimmelbelastung geht oft Hand in Hand mit einer mineralischen Entgleisung und ebenso häufig mit einer mittleren oder hohen Konzentration von Parasiten.

Wenn wir in einer solchen Situation das Heu nass machen, ist das zwar hilfreich, um das Symptom Husten zu lindern, führt aber zu keiner dauerhaften Lösung.

Wie behandeln wir ein Pferd in dieser Situation?

EQUILIBRE
Zunächst müssen wir das Pferd wieder ins Gleichgewicht bringen.
Es gilt also einerseits – um in unserem Bild zu bleiben, die Haare aus der Suppe entfernen. Das sind in unserem Fall die Schimmelpilze und Würmer.

Parallel dazu müssen wir die Suppe wieder richtig würzen. Was zu viel ist, muss in der Aufnahme reduziert und ausgeleitet werden, was fehlt, muss hinzugefügt werden. Solange, bis unsere Lebenssuppe wieder gut abgestimmt und alles im richtigen Verhältnis zueinander ist.

ALLERGIE

Konkret bedeutet das im beschriebenen Fall: Wir müssen das Pferd entwurmen und gleichzeitig entsprechend mineralisieren. Und um das erfolgreich umzusetzen, müssen wir natürlich besonderes Augenmerk auf das zugeführte Futter, vor allem auf das Heu, legen.

Wie im voran gegangenen Kapitel bereits beschrieben, sind dies drei Maßnahmen, die wir ohnehin jedem Pferdebesitzer ans Herz legen, auch prophylaktisch:

1.   **Regelmäßige und konsequente Entwurmung**
2.   **Regelmäßige Überprüfung des Mikronährstoff-Haushaltes**
3.   **Fortlaufende Überprüfung des Futters, vor allem des Raufutters**

Allein diese Maßnahmen bewirken in der Regel massive Verbesserungen. Ergänzend würden wir im beschriebenen Fall natürlich noch die Schimmelpilze ausleiten und die Verschleimung in der Lunge lösen. Dies geschieht am besten durch regelmäßige Bewegung des Pferdes in Kombination mit einem pflanzlichen Schleimlöser.

Durch diese Maßnahmen lässt sich die als „Heustauballergie" identifizierte Kombination von Symptomen in den meisten Fällen effektiv und vor allem dauerhaft erfolgreich behandeln.

Welche Typen sind anfällig für diese Erkrankungen?
Metall- und Wasserpferde.

Krankheitsbild 2:

Dämpfigkeit/Asthma/COB

Ähnlich wie bei der Symptomgruppe „Heustauballergie" handelt es sich auch beim eng damit verbundenen Krankheitsbild von Dämpfigkeit, Asthma und COB um eine Kombination von Symptomen.

Im Unterschied zum Fallbeispiel 1 ist es hier durchaus möglich, dass eine echte Allergie vorliegt z. B. auf verschiedene Gräser, Holz oder andere Substanzen. Ein akuter Husten, der länger als 3 Monate andauert, wird dann nur aufgrund seiner Länge als chronischer Husten bezeichnet. Bei Pferden wird dies auch Dämpfigkeit oder COB genannt.

Eine Folge dieser Allergie ist neben einem möglichen Hautekzem auch die Bildung von Schleim und Sekret. Diese setzen sich mit der Zeit in den Atemwegen fest, häufig unbemerkt als Begleitsymptom zum Husten.

Um das Problem zu lösen, werden Schleimlöser bzw. Bronchienerweiterer verabreicht, häufig kombiniert mit reduzierter Belastung oder sogar Boxenruhe.

Wie behandeln wir ein Pferd in dieser Situation?

In einem solchen Fall ist es — gerade bei akutem Krankheitsbild — wichtig, zusätzlich zur Behandlung der Allergie die Schleimlösung bestmöglich zu unterstützen. Und dazu braucht ein Pferd vor allem eines: **BEWEGUNG**.

ASTHMA

Körperliche Bewegung ist gerade bei diesen Symptommustern enorm wichtig, damit der Stoffwechsel wieder in Schwung kommt. Durch die Bewegung werden auch die Lungenflügel durchlüftet, was die Schleimlösung wesentlich unterstützt.

Dies geschieht – natürlich abhängig vom Schweregrad der Erkrankung – am besten im Galopp. Durch die dabei ausgelöste Vor- und Zurück-Bewegung der inneren Organe während des Galopps und die dadurch entstehende Kompression und Dekompression der Lunge werden die Lungenflügel maximal durchblutet und durchlüftet.

Ist ein Pferd so schwer erkrankt, dass es schon beim Gehen oder Traben Atemprobleme bekommt, müssen wir natürlich mit dem Schritt beginnen und uns langsam zum Trab und später zum Galopp vorarbeiten. Wichtig ist nur, dass wir diese Pferde im Rahmen ihrer Möglichkeiten belasten und trainieren und auf keinen Fall entlasten oder gar in der Box stehen lassen. Die Belastung muss mindestens so lang und intensiv sein, bis das Pferd entspannt abschnaubt.

COOL DOWN: Darüber hinaus sollte das Training dieser Pferde nach individuellen Intensivphasen nie abrupt enden, sondern schrittweise reduziert werden – bis zum langsamen Gehen. Ergänzend zur Bewegung empfehlen wir gerne einen pflanzlichen Schleimlöser. Die Verabreichung erfolgt am besten vor der Bewegung.

Durch die Kombination von optimaler Bewegung und pflanzlichem Schleimlöser kann sich der Schleim schrittweise lösen. Dieser tritt beim Abschnauben durch die Nasenflügel oder beim Abhusten aus. Das kann je nach Länge und Schwere der Erkrankung mehrere Wochen dauern. Beobachten Sie stets die Farbe, Konsistenz und Menge des abgesonderten Sekrets. In der Regel ist es dick, zäh und geht von durchsichtig bis weiß oder im schlechtesten Fall und meist zu Beginn der Behandlung – gelb.

EQUILIBRE

Natürlich bringen wir auch in diesem Fall das Pferd wieder ins Gleichgewicht. Das bedeutet: Beseitigung des eventuellen Parasiten- bzw. Wurmbefalls, Ausgleich von Mineralisierungsdefiziten und kontinuierliche Kontrolle des zugegebenen Raufutters. Ist Raufutter qualitativ hochwertig, muss es nicht angefeuchtet werden.

Gerade Allergien gehen nahezu immer mit einer Entgleisung des Mineralienhaushaltes Hand in Hand. Insofern – Sie wissen es bereits – ist es wichtig, die „Suppe richtig zu salzen" und für eine optimale Mineralisierung zu sorgen.

Die Allergie des Pferdes würden wir mit folgenden Methoden behandeln:

Ursachenfindung für die Allergie
Analysieren der Allergene
Reduzierung der Allergene durch Behandlung und Desensibilisierung

Dies wird häufig übersehen. Sobald Sie wissen, auf welche Substanzen Ihr Pferd allergisch reagiert, sollten Sie versuchen, diese Allergene im Alltag des Pferdes zu reduzieren und das Pferd auf die Stoffe desensibilisieren.
In der Praxis treffen wir so gut wie nie auf eine Allergie mit nur einem auslösenden Allergen. Fast immer gibt es zwei oder mehr auslösende Allergene.

ASTHMA

Das Allergen, das uns in der Praxis am häufigsten begegnet, ist der Raps. Raps ist in erstaunlich vielen Müslis und Futtermitteln enthalten und wird insbesondere in Bayern sehr großflächig angebaut.

Noch ein paar Beispiele aus der Praxis, um Ihnen zu zeigen, wie vielschichtig die Ursachen für eine Allergie sein können:

Einmal wurde ich zu einem Pferd mit akutem Hustenreiz gerufen. Das Pferd stand in einem Offenstall. Im Lauf des Gesprächs mit der Kundin stellte sich heraus, das alle Pferde im Offenstall seit kurzem husteten und zwei von ihnen sogar schwerer betroffen waren (die Alten, die Immunsystem-Schwächsten). Da ich bei dem von mir zu behandelnden Pferd eine Allergie feststellen konnte, machte ich mich auf die Suche nach der Ursache. Und nach einigem Nachfragen stellte sich heraus, dass der Offenstall vor ein paar Tagen frisch gestrichen worden war. Die Pferde hatten alle auf die teerhaltige Farbe reagiert, in diesem Fall sogar sehr intensiv.

Es finden sich nicht zu unterschätzende Mengen von Allergenen immer wieder in Gebissen aller Art. Dort können sie natürlich sehr schnell und direkt in den Kreislauf des Pferdes gelangen. Ebenso haben sich schon öfter Allergene in verschiedenen Pferdedecken gefunden. Einige Pferde entwickeln auch Allergien auf ätherische Öle, die häufig den Pferdefuttermitteln zugesetzt werden, damit diese aus Sicht eines Menschen besser riechen.

ACHTUNG bei allen Futtermitteln, die besonders ansprechend nach ätherischen Ölen riechen!

Welche Typen sind anfällig für diese Erkrankungen?
Metall-, Wasser- und Erdpferde.

Behandlung von Allergien

Eine Allergiebehandlung sollte idealerweise im Herbst beginnen und über den ganzen Winter fortgeführt werden. Im Winter sollte die Eigenblutbehandlung durchgeführt werden, am besten mit Blut, das im Sommer abgenommenen wurde. In den Sommermonaten würden wir die Allergiebehandlung mit einer Desensibilisierung durch die Bioresonanz-Therapie unterstützen.

Bei dieser Therapieform wird der Organismus mit den auf dem Trägermaterial enthaltenen Allergenen und entsprechenden ausgetesteten Programmen behandelt. Der Vorteil der Bioresonanz-Therapie besteht in den vielfältigen Möglichkeiten der Behandlung mit allen nur erdenklichen Materialien (z. B. das Holz mit der neuen Lasur im Offenstall, das Wasser in den Tränken oder ein spezielles hofeigenes Kraftfutter).

Eigenblutbehandlung

Bei der Eigenbluttherapie muss sich das Immunsystem mit seinem eigenen Immunsystem auseinandersetzen. Der Körper hat die Gelegenheit, seine Immunabwehr so aufzubauen, dass der Organismus stärker, und die Immunabwehr auf die Allergene desensibilisiert wird.

Die Therapie beginnt, wie bereits erwähnt, im Idealfall in den Wintermonaten. Für ein optimales Ergebnis sollte sie über 2-3 Winter wiederholt werden, bis das Pferd nicht mehr auf die Allergene reagiert. Die im Rahmen der Eigenblutbehandlung verabreichten Nosoden können mit anderen homöopathischen Mitteln kombiniert werden, beispielsweise Histamin, Acidum Formicicum oder einem anderen dem Typ sowie den Symptomen entsprechenden Mittel.

EKZEM

Krankheitsbild 3:

Das Ekzem

Tritt beim Pferd ein Hautekzem auf, können wir hier zunächst 3 grundsätzliche Ursachen unterscheiden:

1. Ekzem durch Allergie
2. Ekzem durch Vergiftung
3. Ekzem durch eine Kombination aus Allergie und Vergiftung

Ekzem durch Allergie

Hier kommt wieder der Allergietest zum Einsatz.

Gerade beim Hautekzem ist es wichtig, an Alles zu denken: Futtermittel, Fliegensprays, Salben und alle anderen Dinge, die auf das Fell des Pferdes oder in das Pferd hinein gelangen.

Sobald festgestellt wurde, dass eine Allergie vorliegt, und die auslösenden Allergene bekannt sind, würden wir das im Praxisbeispiel 2 bereits beschriebe Vorgehen empfehlen:
1. EQUILIBRE (Wurmbefall / Mineralisierung / Futterkontrolle)
2. Reduzierung der Allergene
3. Bioresonanzbehandlung
4. Eigenbluttherapie

Ekzem durch Vergiftung

Hier können die auslösenden Substanzen vielfältig sein:

1. Pflanzenspritzmittel
2. Schwermetalle wie z. B. Palladium, Silber, Cadmium, Platin, Gold, Quecksilber, Blei
3. Schädlingsbekämpfungsmittel wie z. B. Herbizide (Unkraut), Molluskizide (Schnecken), Akarizide (Milben), Fungizide (Pilze), Vermizide (Würmer) usw.

Bei Vergiftungen gilt es zunächst, die Ursache und vor allem die Quelle des Giftes zu finden. Das ist in der Praxis oft nicht einfach, da man dabei auf Probleme stößt, die wir bzw. unser Umfeld nicht gerne wahrhaben möchten.

Die häufigsten Quellen für Vergiftungen bei Pferden sind: Wasser, Gras, Raufutter, Zusatzfuttermittel und Impfstoffe.

Sind die Ursachen ausgemacht, gilt es diese zu eliminieren und gleichzeitig den Organismus zu entgiften. Diese Entgiftung kann – je nach Substanz und Zustand des Pferdes – durch Phytotherapie, Homöopathie, Spagyrik oder andere Methoden erfolgen.

Wichtig ist nur, dass die Entgiftung individuell abgestimmt ist, z. B. anhand von Bioresonanz, und dass sich alle Mittel miteinander vertragen. Sonst bleibt die Wirkung aus. Besser gesagt: Die Wirkung reicht nicht aus, um den Organismus wieder in seine Mitte zu bringen.
Eine unschöne Tatsache ist hierbei auch, dass unser Trinkwasser (das in Deutschland eine vergleichsweise hohe Qualität aufweist) ebenfalls nicht frei von Schwermetallen und anderen unerwünschten Inhaltsstoffen ist.

EKZEM

Allergien verursachen nahezu ausnahmslos auch ein Defizit im Mineralienhaushalt. Und natürlich auch umgekehrt: Ein Defizit im Mineralienhaushalt und eine Übersäuerung begünstigen das Entstehen von Allergien. Bei Menschen entstehen die meisten Allergien um das Alter von 40 Jahren herum, wenn das ganze Körpersystem bereits „vermüllt" ist und die Müllabfur streikt!

Also: Eine Mikronährstoffanalyse gehört zum Pflichtprogramm!

Und was verursacht ebenfalls Juckreiz auf der Pferdehaut? Sie kennen die Antwort schon: Parasiten.

Daher gilt: Bedarfsgerecht und korrekt entwurmen!

Die Allergie kann gemäß dem vorherigen Fallbeispiel behandelt werden, wobei die Hautekzemer etwas hartnäckiger in der Behandlung sind als die Allergiehuster.

3. Eine Kombination aus Punkt 1 und 2 -> Hartnäckiger, aber nicht unmöglich, auch wenn viele Behandlungsformen in Reinform scheitern geben Sie nicht auf!
Sind alle Ursachen erforscht und ausgemacht, geht es mit einer Kombinationsbehandlung weiter. Die Eigenblut-Nosode wird mit einer umfangreichen Entgiftung* und Mineralisierung kombiniert.

Welche Typen sind anfällig für diese Erkrankungen?
Metall-, Wasser-, Holz- und Erdpferde.

*Eine Entgiftung, die tiefere Schichten erreichen soll, dauert mindestens 8 - 12 Wochen und kann bei schwereren und schon lange andauernden Erkrankungen auch auf 6 - 8 Monate ausgeweitet werden. Wichtig ist, nicht zu früh aufhören - das gilt auch für die Zweibeiner :-)

EMS - „Equines Metabolisches Syndrom"

Eine weitere, immer häufiger getroffene Diagnose ist das EMS – das sogenannte Equine Metabolische Syndrom. Ähnlich wie in der Humanmedizin, in der das Symptombild Adipositas (zusammen mit Diabetes und COPD) seit Jahren weltweit kontinuierlich zunimmt, beobachten wir auch bei den von uns gehaltenen Pferden eine Zunahme des Fettanteils, vermehrte Stoffwechselerkrankungen und damit zusammenhängende Herz-Kreislauf- und Atemwegsprobleme.

Diese Gruppe von Symptomen wird bei Pferden häufig als „Equines Metabolisches Syndrom" beschrieben. Darunter wird grundsätzlich ein Krankheitsbild verstanden, das durch Stoffwechselstörungen entstanden ist.

Wie wird ein „Equines Metabolisches Syndrom" erkannt?

Generell sind Pferde mit einer „EMS"-Diagnose nahezu immer übergewichtig und weisen weitere Symptome auf. Die Diagnose „EMS" wird meist durch verstärkte Fetteinlagerungen an bestimmten Stellen (z. B. Mähnenkamm, über den Augen, am Euter oder am Schlauch) definiert. Die Symptome werden zu einer Krankheit gemacht.

Wenn Sie den Gedanken des Buches bis hierher gefolgt sind, stellen Sie sich nun vielleicht selbst die Frage:

EMS EMS

Was ist beim EMS die wirkende Ursache?

Gerade beim Equinen Metabolischen Syndrom wird das Dilemma einer rein symptom-orientierten Behandlung deutlich. Denn eins ist sicher: Die Ursachen für Stoffwechsel-krankungen sind vielfältig.

Wir finden in der Praxis bei Pferden mit Stoffwechselerkrankungen fast nie eine einzige isolierte Ursache, sondern stets einen Komplex aus mehreren Ursachen, Wechselwirkungen und sich verstärkenden Effekten. Dem entsprechend gilt es zunächst, die Ursachen herauszufinden, die zu der Stoffwechselentgleisung geführt haben. Und diesen Ursachen entsprechend muss dann eine individuell optimale Behandlung erfolgen.

Exercise is Medicine – Bewegung hilft

Bei uns Menschen gibt es eine Medizin, die bei Stoffwechselerkrankungen immer positiv wirkt: **BEWEGUNG.** So entstand aus den weltweiten Ergebnissen der Sportmediziner und Physiologen ein Trend namens „Exercise is Medicine" (www.exerciseismedicine.org). Der Hintergrund: Man hat in sehr vielen Studien festgestellt, dass Bewegung insbesondere bei Stoffwechselerkrankungen (Adipositas, Diabetes, COPD usw.) eine enorme Wirkung hat – viel stärker als jedes noch so wirksame Medikament. In den letzten Jahren hat sich eine weitere Erkenntnis dazugesellt: Es muss nicht immer moderat sein – es darf auch durchaus intensive und anstrengende Bewegung sein.

Beim Menschen bezeichnet man die entsprechenden Trainingsformen mit dem Überbegriff „HIT" = High Intensity Training, also hoch intensives Training.
Dasselbe gilt auch für Pferde mit Stoffwechselerkrankungen: Bewegung hilft – Schonung oder gar Boxenruhe sind auf Dauer keine guten Begleiter einer Behandlung von Stoffwechselproblemen. Denn Bewegungsmangel ist sehr häufig eine zentral wirkende Ursache.

Die anderen wirkenden Ursachen

Wenn Bewegungsmangel allerdings nicht die einzige wirkende Ursache ist, gilt es, die richtigen Begleitschritte durchzuführen. Dazu müssen wir natürlich herausfinden, was die Ursache für die Störung des Stoffwechsels ist und welche organischen Strukturen betroffen sind. Denn der Stoffwechsel ist ja kein Organ, sondern ein Begriff für eine ganze Reihe vielfältiger biochemischer Prozesse. Welche Prozesse sind also im konkreten Einzelfall gestört, welche Organe sind betroffen und wirkt sich dies im Ergebnis aus?

Beispielsweise entdecken wir eine verminderte Funktion des Lymphsystems, der Leber und der Niere – also der Entgiftungsorgane. Welche der 3 Organstrukturen zuerst vermindert ist, ist individuell unterschiedlich und meist eine Frage des Konstitutionstyps. Beim Nierentyp ist meist die Niere zuerst in ihrer Funktion vermindert, beim Lebertyp die Leber und beim Milztyp zuerst das Lymphsystem. Je nach Dauer und Intensität sind früher oder später alle 3 Strukturen betroffen. Eine Organschwäche kann der Körper meist noch ganz gut kompensieren, zwei ebenfalls, wenn jedoch die dritte Entgiftungsinstanz ebenfalls ausfällt, dann wird es meist akut und im Verlauf chronisch.

Welche Typen sind anfällig für diese Erkrankungen?
Erd-, Feuer-, Wasser- und Holzpferde

Weitere Causa Effekte mit dem Symptombild der EMS?

In der TCM heißt ein weiteres Phänomen, das den Symptomkreis EMS auslösen kann „Die entgleiste Mitte". Diese entgleiste Mitte kommt hauptsächlich bei Feuerpferden vor und hier vermehrt bei Stuten. Der Organismus wird durch den hochaktiven Lebensstil buchstäblich ausgebrannt. Die ins Spiel kommende Wandlungsphase Wasser kann bei einem erloschenen Feuer jedoch nicht mehr regulierend eingreifen. Das Wasser wird nicht mehr warm gehalten und wird demzufolge immer kälter. Nun versucht die Wandlungsphase Erde (auch bezeichnet als die Mitte) diesen Mangel an Ausgleichsfähigkeit zu kompensieren. Das geht ein paar Jahre gut, bis auch die Mitte irgendwann keine Kraft mehr hat und nachgibt. Die Mitte ist dann „leer" wie die Wandlungsphasen Feuer und Wasser. Das Pferd versucht dies über Nahrungsaufnahme sprich permanentes Fressen auszugleichen und wird zum sogenannten „Staubsauger" oder „Futterinhalator".

EQUILIBRE

Wenn Sie also die wirkenden Ursachen für die Stoffwechselerkrankungen Ihres Pferdes erkannt haben, die zur Symptomgruppe EMS geführt haben, gilt es, ergänzend zur individuell gut dosierten Bewegung mit der Behandlung der Ursachen zu beginnen. Diese erfolgt – wenig überraschend – nach den 3 Prinzipien des Equilibre:

> **Prinzip #1: Was zu viel ist, muss reduziert werden.**
> **Prinzip #2: Was zu wenig ist, muss zugeführt werden.**
> **Prinzip #3: Was schadet, muss entfernt werden.**

Morbus Cushing (ECS)

Unter diesem Begriff versteht man ein Krankheitsbild, das durch ein chronisches Überangebot an Cortisol mit den daraus resultierenden Symptomen und Komplikationen gekennzeichnet ist.

1. Klassisches Morbus-Cushing-Syndrom (ACTH- abhängig)

Hier ist das Cortisol-Überangebot („Hypercortisolismus") auf eine gesteigerte Bildung von ACTH (Adrenocorticotropes-Hormon) zurückzuführen, die zu einer beidseitigen Größenzunahme der Nebennieren führt.
Ursache ist in den meisten Fällen ein gutartiger Tumor der Hirnanhangdrüse (Hypophyse), die dadurch vermehrt ACTH produziert und ausschüttet.

2. Weiteres Morbus-Cushing-Syndrom (nicht ACTH- abhängig)

Bei dieser Form ist der Hypercortisolismus auf eine vermehrte Cortisol-Bildung in den Nebennieren oder auf die therapeutische Gabe von Glucocorticoiden zur Behandlung chronisch-entzündlicher Erkrankungen wie z. B. Rheuma oder Asthma zurückzuführen.

Die Krankheit Morbus Cushing kommt aus der Humanmedizin und wird eben wie oben erklärt definiert. Der dabei erhöhte ACTH-Wert wird bei Pferden über das Blut bestimmt, meist in Kombination mit Kortisongaben. Hier stellt sich natürlich die Frage, ob es Sinn macht, einem Pferd, das höchwahrscheinlich ohnehin schon an Hypercortisolismus leidet, für Diagnosezwecke noch mehr Kortison zuzuführen. Die nüchterne ACTH-Bestimmung in Ruhe reicht zur Verlaufsbestimmung vollkommen aus. Bitte beachten Sie auch immer die saisonalen Schwankungen des Wertes.

ECS ECS

Der erhöhte ACTH-Wert wird dann lebenslang mit der Gabe von Prascend® mit dem Wirkstoff Pergolid behandelt.

Es kann auch vorkommen, dass die Diagnose M. Cushing alleine aufgrund äußerlich sichtbarer Merkmale gestellt wird.

Als äußerliche Merkmale einer Morbus-Cushing-Erkrankung beim Pferd werden folgende Symptomkomplexe aufgeführt:

- Gestörter Fellwechsel, Pferd haart nicht oder viel zu spät um
- Besonders kennzeichnend ist das lange, lockige Fell
- Schwitzen ohne körperliche Belastung
- Leistungsschwäche
- Herz-Kreislauf-Probleme
- Teilnahmslosigkeit / Apathie
- Schwere Atmung - kann mit Husten einher gehen
- Akute und chronische Hufrehe
- Wiederkehrende infektiöse Erkrankungen
- Übermäßiges Trinken und Wasserlassen
- Schlechte Wundheilung
- Struppiges Fell
- Entzündete geschwollene Augen
- Ödeme unter und/oder über den Augenlidern
- Übergewicht
- Probleme mit dem Bewegungsapparat
- Muskelschwäche
- Stammfettsucht
- Erhöhter ACTH-Wert

Gut, jetzt wissen wir, dass der ausschlaggebende Parameter bei der Erkrankung Morbus Cushing der erhöhte ACTH-Wert ist. Und dass Hufrehe eine Begleiterscheinung von Morbus Cushing sein kann und umgekehrt bei vielen an Hufrehe erkrankten Pferden auch M. Cushing gefunden wird.

Jetzt wäre es natürlich gut, wenn man wüsste, was die wirkende Ursache ist. Wenn ein Fluss Hochwasser hat, reicht es nicht, jeden Tag Wasser aus dem Fluss zu schöpfen, um den Schaden zu begrenzen. Es wäre vielmehr sinnvoll zu wissen, wo das ganze Wasser herkommt.

Drei Hauptursachen haben sich hervorgetan:

1. Entgiftungsproblematik auf allen Ebenen, meist beginnend in der Niere oder Lymphe, z. B. durch Schwermetalle, Zucker usw.

2. Hormonelle Entgleisung aufgrund einer Problematik der Hypophyse

3. Hormonelle Entgleisung aufgrund einer Problematik der Nebennierenrinde (auch Teil des Hormonsystems)

ECS ECS

Auch hier sind die Hauptursachen relativ ähnlich wie bei der Hufrehe. Das Entscheidende ist herauszufinden, was zuerst da war!

Die Überlastung der Entgiftungsorgane und eine dadurch entstehende Stoffwechselentgleisung, die auch hormonelle Entgleisungen nach sich ziehen kann, ist hier als Symptom zu betrachten.

Oder eine Entgleisung des Hormonsystems durch eine Störung, z. B. in der Hypophyse oder Nebenniererinde.

Die Prinzipien des Equilibre bleiben gleich - es folgt eine individuelle Behandlung mit dem Fokus auf die wirkende Ursache. Hat man alles richtig gemacht, wird auch der ACTH-Wert wieder sinken.

Hufrehe (= Laminitis)

Gemäß Definition liegt beim Krankheitsbild Hufrehe eine Entzündung der Huflederhaut vor. Die Huflederhaut ist die Verbindungsschicht zwischen Hufbein und Hornkapsel. Diese Verbindungsschicht fungiert als eine Art Klettverschluss.

Im fortgeschrittenen oder chronischen Stadium kann es sogar zu einer Rotation bzw. Absenkung des Hufbeins kommen. In den Statistiken wird die Hufrehe nach der Kolik als zweithäufigste Todesursache bei Pferden aufgeführt.

Aber auch hier lohnt sich ein genauer Blick auf die wirkende Ursache und die Lebenssuppe. Hat ein Pferd einen Hufreheschub, ist stets eine Vergiftung die wirkende Ursache. Dabei können die Ursachen für die Vergiftung sehr vielschichtig sein und beispielsweise durch falsche Fütterung und Haltung, Giftpflanzen, Medikamente, Plazentateile im Unterleib nach einer Geburt oder andere Giftstoffe entstehen.

Vergiftungen können aber auch durch eine Kombination verschiedener Giftstoffe entstehen, die sich über einen längeren Zeitraum im Organismus angesammelt haben. Der Körper ist dann nicht mehr im Gleichgewicht, sondern „chronisch leicht vergiftet", ohne unbedingt grosse Symptome zeigen zu müssen. In einer solchen Situation reicht manchmal der berühmte Tropfen, um das „Fass zum Überlaufen" zu bringen.

Um im Bild der Lebenssuppe zu bleiben: Sie haben zu Beginn eine hervorragende Suppe. Alles ist perfekt abgestimmt, der Geschmack ist rund und die gesamte Suppe genau auf den Punkt. Doch dann geben Sie eine Zutat hinzu, die zu dem Zeitpunkt überhaupt nicht dazu passt. Solange es nur eine kleine Menge ist, entsteht dadurch kein nennenswertes Problem. Wenn Sie aber diese Zutat (z.B. durch das Futter) jeden Tag erneut zuführen, wird sie in der Suppe immer präsenter. Der gute runde Geschmack kommt aus dem Gleichgewicht.

Um das Problem zu lösen, geben Sie ein Gewürz dazu, das der Suppe wieder den runden Geschmack verleihen soll. Leider geht auch das schief, Sie haben einfach das falsche Gewürz erwischt. Die Suppe schmeckt nicht mehr wie gewünscht und je länger Sie sie kochen, desto schlechter wird das Ergebnis. Wenn Sie jetzt nochmals so einen Fehler machen... genau, dann läuft Fass über. Der „akute" Hufreheschub ist da.

Dadurch wird auch klar, warum die Hufrehe in vielen Fällen tödlich endet. Es ist nicht nur das Krankheitsbild selbst, sondern auch die wirkenden Ursachen – vor allem die Vergiftungen und chronischen Mangelzustände –, die diese Pferde in einen schlechten Allgemeinzustand bringen. Die so genannten Entgiftungsorgane (Lymphsystem, Leber und Niere) arbeiten ständig auf Hochtouren und sind irgendwann nicht mehr in der Lage, die Entgiftung konsequent fortzusetzen. Spätestens dann beginnt ein gefährlicher Kreislauf. Die Hufrehe ist daher in vielen Fällen das Ergebnis am Ende eines langen Weges von vielen falschen Zutaten.

HUFREHE

Gerade am Beispiel der Hufrehe zeigt sich der Wert der 3 Prinzipien des Equilibre — rechtzeitig angewandt deutlich.

Wie bereits geschildert, empfehlen wir zumindest jährlich eine Bestandsaufnahme und konsequente Umsetzung nach den 3 Prinzipien des Equilibre — auch ohne konkrete Krankheitssymptome:

> **Prinzip #1: Was zu viel ist, muss reduziert werden.**
> **Prinzip #2: Was zu wenig ist, muss zugeführt werden.**
> **Prinzip #3: Was schadet, muss entfernt werden.**

Vor allem bei konkreten ersten Symptomen sollten eine Bestandsaufnahme und eine konsequente Wiederherstellung des Gleichgewichts nach allen 3 Prinzipien erfolgen. Und natürlich gelten die 3 Prinzipien des Equilibre auch für die Hufrehe.

Wir, als Therapeuten, versuchen stets, unsere Kunden zu ermutigen, ihr Pferd zu verstehen, mit offenen Augen auf Veränderungen zu achten, konsequent nach der wirkenden Ursache zu fragen und diese sofort und wirksam zu behandeln.

Wenn wir Sie mit diesem Buch dazu anregen können, diesen Weg früh und konsequent zu gehen, haben wir schon viel erreicht.

Lahmheiten

Lahmheiten treten früher oder später bei jedem Pferd auf und können natürlich unterschiedlichste wirkende Ursachen haben. Allerdings gibt es auch hier eine Ursache, die wir in der Praxis sehr häufig antreffen und die sich durch Verständnis sowie bewusstes und konsequentes Trainieren und Reiten über die Hinterhand vermeiden lässt.

Lahmheiten entstehen meist von rechts hinten nach links vorne
Die meisten Lahmheiten beginnen rechts hinten und wandern im Zeitverlauf nach links vorne.

Warum ist das so?
Einer der Gründe ist der „Blinddarm", der auf der rechten Seite am Ende des Rumpfes seitlich hinter den Rippen liegt und Probleme verursachen kann. Dies kann sich im Speziellen auf die Fähigkeit zur Lastaufnahme der rechten Hinterhand auswirken. Ein zweiter Grund besteht darin, dass im Gegensatz zu uns Menschen, die Pferde eine sogenannte monokulare Sichtweise haben. Die Augen des Fluchttieres Pferd sind anatomisch so angeordnet, dass sich die Sichtfelder von linkem und rechtem Auge in der Mitte nicht überschneiden. Dadurch nehmen Pferde Dinge mit dem einen Auge anders wahr als mit dem anderen.
Ein Phänomen, das viele aus der Praxis kennen: Der Heuballen mit Folie, der beim Wegreiten kein Problem war, ist auf dem Rückweg (mit dem anderen Auge betrachtet) aus Sicht des Pferdes eine Gefahr. Das liegt daran, dass jedes der beiden Augen unterschiedliche Aufgaben hat.

Rechts das Gefahrenauge - links das Sicherheitsauge

Das rechte Auge dient dazu, Gefahren zu erkennen. Das linke Auge sucht Sicherheit und somit den Fluchtweg -> deshalb auch die rechte Seite meistens die „hohle" Seite bei den Pferden.

Diesem Umstand sowie der Lage des Blinddarms ist es zu verdanken, dass das schwächste Bein eines Pferdes fast immer rechts hinten ist. In der Natur sind diese biologischen Gegebenheiten und die daraus resultierende Schwäche des rechten Hinterbeins kein Problem, da sie ja mit den Anforderungen übereinstimmen.

Nun kommt der Reiter ins Spiel. Das Pferd erhält plötzlich die Aufgabe, auf dem Rücken eine Last zu tragen. Auch wenn wir Pferde mittlerweile seit Hunderten von Jahren reiten: In der Natur war das nicht vorgesehen. Das Pferd wird somit einer unphysiologischen Belastung ausgesetzt. Ein häufig anzutreffendes Resultat: Probleme, die mit dem schwächsten Bein beginnen – dem rechten Hinterbein.

Da Lahmheiten nicht immer sofort erkannt und die Ursachen konsequent behandelt bzw. beseitigt werden, muss das Pferd zwangsläufig kompensieren. Das bedeutet, es versucht, die rechte Hinterhand so gut wie möglich zu entlasten, was wiederum zu einer erhöhten Belastung des linken Vorderbeins führt. Auf diese Weise entsteht das häufig erkennbare Muster der Lahmheit: von rechts hinten nach links vorne.

Vorbereitung und Begleitung

Also müssen wir unseren Partner Pferd bestmöglich auf die Belastung durch das Reiten auf seinem Rücken vorbereiten und es kontinuierlich dabei unterstützen, diese unphysiologische Belastung bestmöglich zu bewältigen.

Das klingt selbstverständlich. Doch in der Praxis fehlt häufig das entsprechende Verständnis dieser Zusammenhänge und die Kenntnisse und Fähigkeiten, um ein Pferd gezielt auf das Reiten vorzubereiten, bzw. es Zeit seines Reiterlebens adäquat zu unterstützen.

Dazu gibt es zahlreiche Bücher, Videos und Modelle, in denen die anatomischen und biomechanischen Zusammenhänge und die sich daraus ergebenden Konsequenzen – die wirkende Ursache beschrieben werden. Halten Sie sich an die klassischen Richtlinien der Reiterei und besinnen Sie sich auf die Wurzeln, auch im Umgang mit Ihrem Pferd.

LAHMHEIT

Mögliche Wechselwirkungen - Beispiel aus der TCM: Die geschlossene Blase

Neben der ausreichenden Vorbereitung und der kontinuierlichen Unterstützung gilt es außerdem, auch andere Einflüsse im Auge zu behalten, die zu Lahmheiten führen können.

So spielt in der TCM das Blasen- und Nierensystem eine große Rolle, gerade wenn es um die Ursache von Lahmheiten geht. Diese Systeme reagieren sensitiv auf Emotionen und Umwelteinflüsse. So treten Probleme im Funktionskreis Blase häufig in der kalten und nassen Jahreszeit auf. Aber auch Überforderung, Zwang und Angst spielen eine große Rolle.

So kommt es bei Jungpferden, die z. B. in den Beritt/Einfahren etc. dazu, dass Störungen auf dem Funktionskreis Blase auftreten. Dies äußert sich meist darin, dass das Pferd beim Rücken putzen überempfindlich reagiert und den Rücken wegdrückt. Diese Störung geht dann einher mit einer Übersäuerung* und diese Kombination führt bis zur völligen Steifheit der Muskulatur.

Daher sollten Sie Ihr Pferd immer im Blick haben, genau beobachten und diese möglichen begleitenden Umstände mit einbeziehen um das Training und das Equipment optimal auf Ihr Pferd abzustimmen.

*Übersäuerung:
Das Ungleichgewicht im Säure-Basen-Haushalt. Mögliche Ursachen: Überarbeitung, Überforderung, Stress, verunreinigte Futtermittel und/oder verunreinigtes Wasser

Krankheitsbild 8:

„Gurtzwang"

Immer wieder werden wir zu Pferden geholt, die unter einem so genannten „Gurtzwang" leiden. Dieser äußert sich durch erhöhte Empfindlichkeit und entsprechende Abwehrreaktionen beim Anlegen und insbesondere beim Festziehen des Sattelgurtes. Die Reaktionen des Pferdes werden meist falsch gedeutet. Es ist keine Unart oder Frage der Erziehung, sondern die Antwort des Pferdes auf Schmerzen. Typbedingt können diese Reflexe allerdings sehr emotional und auch gefährlich sein. Besonders häufig treten sie bei Holz- und Feuerpferden auf. Hier wäre am naheliegensten ein unpassender Sattel. Dies sollte im Vorfeld zunächst überprüft und ausgeschlossen werden.

Warum ist das so?
Pferde, die auf den Sattelgurt empfindlich reagieren, haben oft einen aufgeblähten Thorax, der hart, gespannt und schmerzhaft ist. Bei Druck auf den Bauch des Pferdes reagiert dieses empfindlich – ein Test, den Sie auch selbst durchführen können. In der TCM spricht man in einem solchen Fall von einem Leber-Qi-Stau, einer Störung in der Wandlungsphase Holz. Das bedeutet auch, dass Wut und Zorn bei diesen Pferden stark ausgeprägt sind. Sie legen die Ohren an, treten, steigen oder versuchen sich loszureißen. Es kann durchaus zu gefährlichen Situationen kommen – passen Sie also bitte gut auf!

GURT

Wenn Sie bei Ihrem Pferd Abwehrreaktionen wie den Gurtzwang feststellen, sollten Sie ihm zunächst helfen, die durch den Leber-Qui-Stau entstandenen Probleme zu beseitigen. Zentraler Bestandteil der Behandlung ist natürlich die Entgiftung. Hier ist es wichtig, dass die wirkenden Ursachen (Giftstoffe) richtig erkannt und dauerhaft ausgeleitet werden.

Und da gerade Holz- und Feuerpferde typbedingt zu den genannten Symptomen neigen, empfehlen wir bei diesen Pferden im Frühjahr eine prophylaktische Entgiftung – auch wenn noch keine offenkundigen Symptome vorliegen.

ZWANG

FALLBEISPIELE

Alles ist möglich!

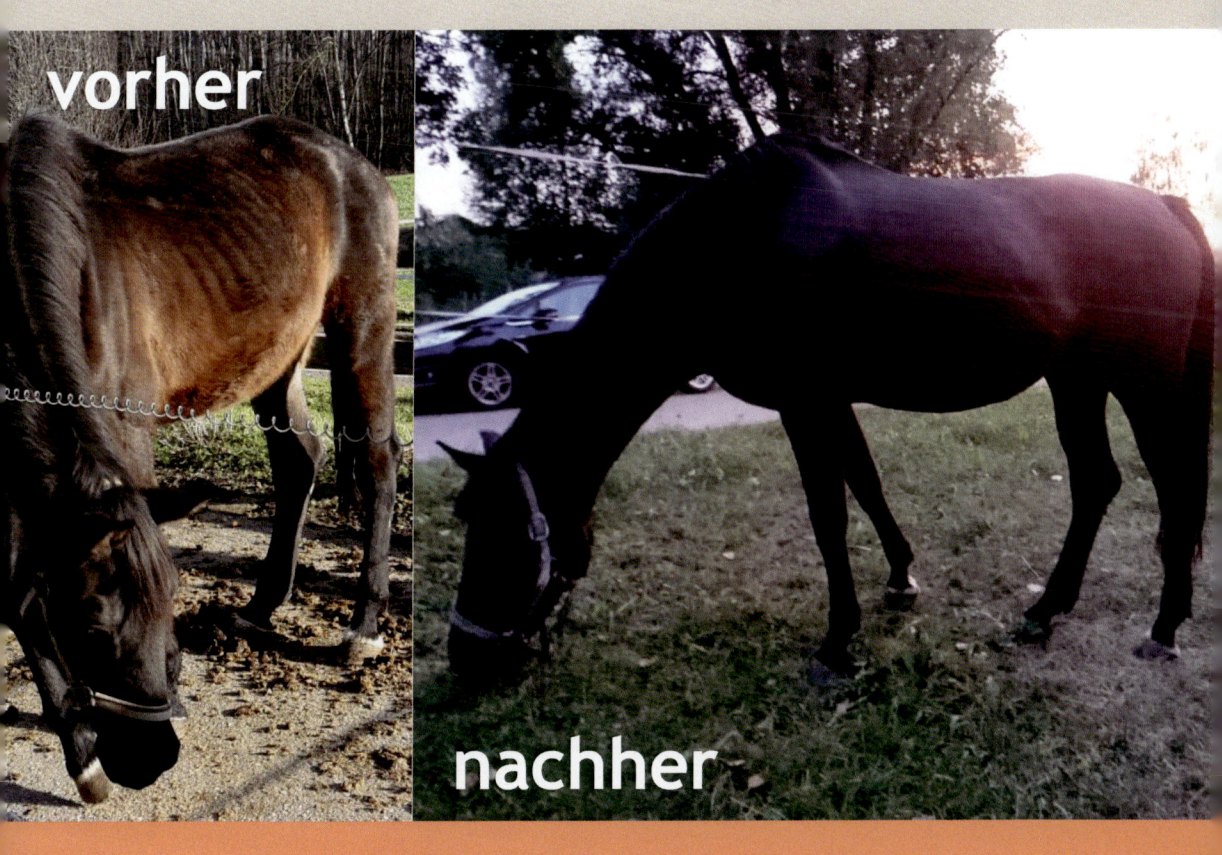

vorher

nachher

Stute Weibi - 20 Jahre alt

Symptome:
Die Stute kam frisch aus der Tierklinik und sollte eingeschläfert werden. Ihr Allgemeinzustand war äußerst schlecht, sie wollte und konnte sich vor Schmerzen kaum bewegen und litt seit einem halben Jahr an einem massiv angeschwollenen rechten Hinterbein mit Lymphabfluss-Störung. Sie war im Deckeinsatz und hatte ihr letztes Fohlen verloren. Als sie mir vorgestellt wurde und ich in ihre leblosen Augen blickte, hatte ich nicht viel Hoffnung.

Wirkende Ursache:
Die Bioresonanz-Analyse ergab neben einer Mikronährstoffentgleisung einen geringen Erregerbefall mit Viren und Bakterien. Bei den Schimmelpilzen hingegen war eine stärkere Belastung zu verzeichnen, genauso bei den Parasiten. In der Physiologie war nahezu auf allen organischen Ebenen eine Störung festzustellen. Die Therapie begann mit besonderem Augenmerk auf den Hormonhaushalt und die dazugehörigen Eierstöcke.

Behandlung:
Entwurmung plus Grapefruitkernextrakt, individuelles Mineralfutter, Base zur Entsäuerung und Entgiftung, Nosode der Nebenniere, ein Mittel für die gereizte Darmschleimhaut und Sepia für die Stimmung. Es folgten 10 Bioresonanzbehandlungen, 3 Blutegelbehandlungen (für das rechte Hinterbein) und viel Bewegung an der frischen Luft mit reichlich Futter.

Feedback der Besitzerin:
„.... toll oder?! Ich freu mich sehr und danke dir tausendfach. DANKE!" Lg Carola
Weibi vor und nach der Behandlung ist auf der vorherigen Seite zu sehen.

BEISPIELE

Stute Karima - 24 Jahre alt

Symptome:
Die Stute war in schlechtem Allgemeinzustand, hatte einen akuten Hufreheschub und lahmte, dazu litt sie an massivem Kotwasser und Kreislaufproblemen. Der ACTH-Wert war erhöht und lag leicht über dem Normwert. Diagnose: Morbus Cushing und somit dauerhafte Gabe von Pergolid®.

Wirkende Ursache:
Die Bioresonanz-Analyse ergab neben einer Mikronährstoffentgleisung einen geringen Erregerbefall mit Viren (erwähnenswert ist hier der Epstein-Barr-Virus) einige unschöne Magen-Darm-Bakterien sowie eine starke Parasitenbelastung inkl. Leberegel. In der Physiologie war nahezu auf allen organischen Ebenen eine Störung erkennbar. Die Threapie begann mit besonderem Augenmerk auf den Hormonhaushalt, die Nieren, Lymphe und Leber.

Behandlung:
Absetzen von Entzündungshemmern und Schmerzmitteln, Entwurmung plus Kamala, individuelles Mineralfutter, Base zur Entsäuerung und Entgiftung, Nosode der Hypophyse und Arzneimittel für den Magen-Darm-Trakt. Es folgten die ersten Bioresonanz-Behandlungen und eine massive Erstverschlechterung mit starker Lahmheit und einem Abszess am Kronrand zwischen den Ting-Punkten von Magen und Leber. Natürlich folgten Maßnahmen im Ernährungsplan, Koppelverbot, Futterrationierung im engmaschigen Netz und gezielte Bewegung an der Hand.

BEISPIELE

Erfahrungsbericht:
Behandlungsbeginn: 10.09.2018
„Diagnose Cushing" - Text vom 24.10.2018

„Äußere Symptome wie Schmerzen durch Hufrehe und ein erhöhter ACTH-Wert führten beim Tierarzt zur Diagnose ECS (Equines Cushing Syndrom). Durch die Gabe von Prascend soll das Pferd wieder ein normales, beschwerdefreies Leben führen.

Als Pferdebesitzerin entschied ich mich, nicht unhinterfragt die Spitze vom Eisberg zu behandeln, obwohl die Vorstellung, dass das Pferd (und ich) durch Tablettengaben wieder ein sorgenfreies Leben in der Herde und auf dem Gras führen könnten, verlockend war.
Ich rief Bettina Stadler, um bestenfalls „hinter die Kulissen" schauen bzw. unterhalb der Eisberg-Spitze mögliche Ursachen für das Erscheinungsbild meiner Stute erkennen zu können.
Ich bin von den von ihr angewandten Behandlungsmethoden TCM/Akupunktur, Bioresonanz-Therapie, Homöopathie, Kräuterheilkunde, Osteopathie usw. überzeugt und wende diese Methoden für mich selbst an. Bettina Stadlers ganzheitliche und umfassende Betrachtungsweise ist für mich nachvollziehbar und überzeugend.

Der Stoffwechsel der Stute war sicherlich über lange Zeit nicht mehr im Gleichgewicht. So war und ist die Strategie: Entgiften und Abführen, was nicht ins System gehört, mit gleichzeitigem Zuführen, was im System fehlt, um so regulierend einzuwirken. Gleich zu Beginn der Behandlung entwickelte sich ein heftiger Hufabszess, der sich schon durch leichtes Lahmen angekündigt hatte. Bettina Stadler begleitete mich bestens durch diesen Prozess hindurch und gab mir über die kritischen Tage immer wieder die entsprechenden Hinweise, sodass ich auch selbst gezielt Hand anlegen konnte."

BEISPIELE

Mittlerweile sind 6 Wochen vergangen. Die Stute hat abgenommen, ist schmerzfrei, das Fell und die Augen glänzen wieder, das ganze Pferd und vor allem ihre Oberlinie wirken entspannt, sie ist wach und bewegungsfreudig – kein Vergleich zum Beginn der Behandlung! Die Therapie wird noch weiter Geduld und Aufwerksamkeit benötigen (Mineralien und Medikamente zufüttern, wieder anweiden usw.). Aber was will ich erwarten? Nachdem das Ungleichgewicht schon lange schleichend vorhanden war, kann in diesem Fall die Heilung nicht über Nacht stattfinden.

Ich bin zuversichtlich und sehr gespannt, wie sich der Gesundheitszustand meiner Stute weiter entwickeln wird – und was am Ende von der Diagnose „Cushing" noch übrig sein wird.

Gabriele Hammer

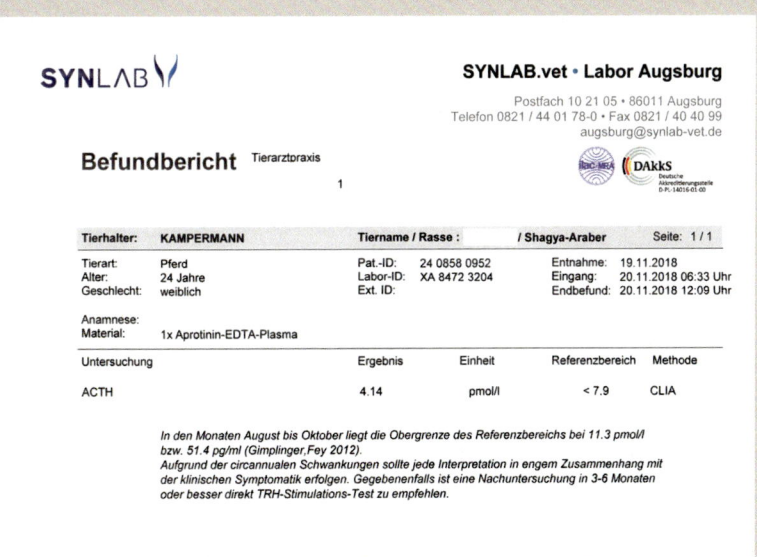

E-Mail vom 22.11.2018

Liebe Bettina,
ich konnt's nicht lassen :-).

Ich habe aus Neugierde einen zweiten ACTH-Bluttest machen lassen, wohlwissend,
dass die Bluttests mit gehöriger Skepsis zu betrachten sind.

Es waren fast dieselben Bedingungen:
dieselbe Tierärztin, dieselbe Vorgehensweise, dasselbe Labor.
Aber: andere Jahreszeit, andere Temperaturen.
Und: das Testobjekt ist ein mittlerweile behandeltes Pferd...
Das Ergebnis ist im Anhang.

Ich kann Dir gar nicht sagen, wie es in mir gluckst und hüpft.
Das haben wir drei gut gemacht - ich danke Dir vielmals!

Karima hat zunehmend und dauerhaft schlanke Beine!

Wenn wir dauertrabend unterwegs sind, läuft sie locker und fleißig mit einer Freude!

Ich habe den Eindruck, sie säuft UND frisst nicht mehr so viel. Die Heu-/Strohsäcke
sind nie ganz leer. Womöglich ist mittlerweile das Mangel-Staubsauger-Phänomen am
Abklingen!

Ich schicke Dir herzliche Grüße!

Gabriele

BEISPIELE

Wallach Billy - 7 Jahre alt

Symptome:
Der Wallach war in einer Tierklinik für eine Augen-OP. Während dieser OP traten Komplikationen auf und danach hatte er 15 Liter Wasser in der Lunge. Schlechter Allgemeinzustand, Husten und die Wunden von der Lungendrenaige.

Wirkende Ursache:
Wie zu erwarten, ergab die Bioresonanz-Analyse die offensichtliche mechanische Verletzung der Lunge und ein in Mitleidenschaft gezogenes Herz. Die Bioresonanz-Analyse ergab desweiteren einen Parasitenbefall inklusive Leberegel (brauchen einen speziellen Entwurmungswirkstoff), natürlich einige Bakterien in der Lunge und Schimmelpilze, dafür keine Viren und auch keine Entgleisung im Mikronährstoff-Haushalt. Das ließ mich darauf schließen, dass das Pferd vor der Erkrankung in einem sehr guten gesundheitlichen Zustand war, was sich in solch einem akuten Fall natürlich positiv auf den Gesamtverlauf auswirkt.

Behandlung:
Entwurmungskuren Ivermectin® und Albendazol® (gegen die Leberegel) plus eine pflanzliche Entwurmung, Entgiftung, pflanzlicher Schleimlöser, pflanzliches Mittel zur Abtötung von Bakterien, homöopathische Mittel für die Lunge und das Herz und einige Bioresonanz-Behandlungen führten innerhalb von 3 Monaten zur völligen Symptomfreiheit.

BEISPIELE

Feedback:

Liebe Bettina,

ich möchte mich hier nochmals bedanken, dass du meinen Bub wieder hinbekommen hast.

Nach einer Operation hatte mein Tinkertier Flüssigkeit in beiden Lungenbeuteln (dieser befindet sich zwischen Rippenbogen und Lunge) links waren es 10 Liter !!! und rechts schlussendlich 5 Liter. Um das behandeln zu können, mussten zweimal Drainagen gelegt werden, um a) die Flüssigkeit herauszubekommen und b) die Bakterien, die sich dort angesiedelt hatten, auszuspühlen. Hierzu wurden ca. 4 Liter mit Antibiotika angereicherte Flüssigkeit „eingefüllt", Drainage zu und dann 15 Minuten um die Klinik. Und das Tag für Tag - zwei Monate lang!!!

Zuletzt hieß es, dass ich Billy einschläfern lassen solle, weil er ein hoffnungsloser Fall sei. Drainagen konnten nicht mehr gelegt werden, weil alles entzündet war, das Fieber wollte nicht sinken und fressen war auch nicht mehr möglich. Schließlich nahm ich ihn wieder mit nach Hause und wandte mich an Bettina, die meinen Billy mittels Bioresonanz-Therapie und Homöopathie wieder geheilt hat!! 1000 Dank dafür!! Das ist mein größtes Weihnachtsgeschenk überhaupt!!!!!

Wallach Fantastico - 3,5 Jahre alt

Symptome:
Der ungarische Warmblut-Wallach wurde 3-jährig gekauft und litt bereits an Kotwasser. Bei der Ankaufsuntersuchung wies das Blutbild erhöhte Leberwerte auf und ein Parasitenbefall wurde diagnostiziert. Die Besitzerin hat vergeblich versucht, das Kotwasser mit speziellem Zusatzfuttermittel zu behandeln, doch leider ohne Erfolg.

Wirkende Ursache:
Die Bioresonanz-Analyse ergab einen Parasitenbefall, eine kleine Entgleisung der Mikronährstoffe und interessanterweise Chlostridien und Salmonellen im Magen-Darm-Trakt. Neben ein paar anderen Bakterien fanden sich Viren und Pilze.

Behandlung:
Entwurmungskur einschließlich pflanzlicher Entwurmung, Mikronährstoffe und eine Kot-Autonosode.

Feedback der Besitzerin:
„Liebe Tina, jetzt muss ich dir endlich mal schreiben :-)
Also, seit knapp zwei Wochen jetzt hat Fanti gar kein Kotwasser mehr gehabt! Das ist phänomenal!!!!
Ich gebe alles weiter, von der Kotnosode kommt ab morgen die dritt höhere Potenz.
Es geht ihm sehr gut, er sieht gut aus, bin superzufrieden! Ich bin dir sehr dankbar!"

Liebe Grüße Moni

BEISPIELE

DANKSAGUNG

Selbstverständlich geht der grösste Dank an meinen geliebten Mann, der mich geduldig bei allem unterstützt, der mir immer Kraft und Zeit gegeben hat, mich meinem Buchprojekt zu widmen. Ohne dich hätte ich das niemals geschafft. Ich liebe Dich über alles!

Danke an alle meinen treuen Kunden, die engagierten ekvedo Therapeuten und ekvedo Trainer, die sich trauen neue Wege zu gehen und stets das Beste für ihr/e Pferd/e wollen.

Danke, liebe Alexandra Frigge, Carolin Nitzinger und Sibylle Dabernig, dass Ihr aus meinen Buchskript eine runde Sache gemacht habt und alle so auf Zack wart. Ihr seid die besten Powerfrauen!

Natürlich sage ich auch danke zu meinem Pferd Alo und meinem Hund Cookie, dass ihr es mir nicht übel genommen habt, dass ich etwas weniger Zeit für euch hatte.

Danke an alle himmlischen Wesen, die mir immer wieder eine Inspiration für dieses Buch waren.

DANKE